读客®

读客中国史入门文库

顺着文库编号读历史，中国史来龙去脉无比清晰！

《围炉夜话》
全是老人言

度阴山　著

江苏凤凰文艺出版社
JIANGSU PHOENIX LITERATURE AND
ART PUBLISHING

图书在版编目（CIP）数据

《围炉夜话》全是老人言 / 度阴山著 . —— 南京：
江苏凤凰文艺出版社 , 2023.10
ISBN 978-7-5594-7662-3

Ⅰ . ①围… Ⅱ . ①度… Ⅲ . ①个人 – 修养 – 中国 – 清代 Ⅳ . ① B825

中国国家版本馆 CIP 数据核字 (2023) 第 082793 号

《围炉夜话》全是老人言

度阴山　著

责任编辑	丁小卉
特约编辑	王星麟　　乔佳晨
封面设计	陈　晨
责任印制	刘　巍
出版发行	江苏凤凰文艺出版社
	南京市中央路 165 号，邮编：210009
网　　址	http://www.jswenyi.com
印　　刷	大厂回族自治县德诚印务有限公司
开　　本	880 毫米 ×1230 毫米 1/32
印　　张	8
字　　数	157 千字
版　　次	2023 年 10 月第 1 版
印　　次	2023 年 10 月第 1 次印刷
标准书号	ISBN 978-7-5594-7662-3
定　　价	49.90 元

江苏凤凰文艺版图书凡印刷、装订错误，可向出版社调换，联系电话：010-87681002。

写在前面

《围炉夜话》的作者是晚清知识分子王永彬。按王永彬的口述，此书是他和家人在寒夜里围炉烤火，吃着烤山芋，心有所得，闲说而成。王永彬共说了几千条，后被子弟们精选出221条，编辑成书。出版后，被奉为"中国古代三大修身奇书"之一，另两本奇书是《菜根谭》和《小窗幽记》。

《围炉夜话》和《论语》等古代书籍差不多，以短句和格言为主，说东道西，谈天论地，涉及的内容很杂。但主线是立足于家庭伦理教育，得出做人做事的法则。在窗外北风呼啸，窗内暖流涌动的火炉旁，王永彬用一只千年老狐狸的智慧，给子弟们语重心长地讲述如何在一个人心不古、马蹄慌乱的世道上生存。

他的诀窍就在这221条中，而若要读懂这些诀窍背后的心法，那你就要看"度阴山曰"。

目 录

序

寒夜围炉，田家妇子之乐也。

顾篝灯坐对，或默默然无一言，或嘻嘻然言非所宜言，皆无所谓乐，不将虚此良夜乎？余识字农人也。岁晚务闲，家人聚处，相与烧煨山芋，心有所得，辄述诸口，命儿辈缮写存之，题曰《围炉夜话》。但其中皆随得随录，语无伦次且意浅辞芜，多非信心之论，特以课家人消永夜耳，不足为外人道也。倘蒙有道君子惠而正之，则幸甚。

咸丰甲寅二月既望王永彬书于桥西馆之一经堂。

译文

在漫长寒夜围坐炉旁，这是农家人的家庭欢乐。

然而笼上灯火相对而坐，大家有时默默地一言不发，有时说些不应该说的笑话，这些都不是所谓的"欢乐"，如此，岂不是虚度无数个这样美好的夜晚？我是识字的农夫，到了年底没有农活，和家人团聚炉旁，一起烧烤山芋，心中想到什么就说什么，让孩子们记录编写留存，起名为《围炉夜话》。但其中内容都是随想随写，语言杂乱无章，而且意味不浓厚，大都不是深奥虔敬的言论，只不过是督促家人、消磨寒夜而已，不值得对外人讲说。倘若能得到高明之人指点一二，那真是我的荣幸啊！

咸丰四年（1854）二月十六，王永彬写于桥西馆一经堂。

1

"三七论"与"回返论"

教子弟于幼时，便当有正大光明^①气象；
检身心于平日，不可无忧勤惕厉^②功夫。

注 释

① 正大光明：出自宋·朱熹《答吕伯恭书》："大抵圣贤之心，正大光明，洞然四达。"意思是，行为正派，襟怀坦荡。

② 忧勤惕厉：忧勤，忧愁劳苦；惕厉，警惕激励。

译 文

教育晚辈要从其幼年开始，使他们具有正派、坦荡的气概；日常生活中应时刻反省自己的行为思想，不能没有勤奋、警惕、激励的功夫。

度阴山曰

家教中的"三七论"内容如下：孩子"三岁看小，七岁看老"，看小、看老不是看小时候和老之后的个人成就，而是看性格。三岁的孩子性格开始慢慢养成，七岁定型，所以最关键的性格塑造时期只有三岁到七岁这四年。家长的任务就是在这几年

中，把孩子培养成正大光明的人。

修身中"回返论"的内容是：遇到任何问题和麻烦，第一步是在自己身上找问题；第二步是认真地找，肯定能找到问题；第三步是改正自己反省出来的问题后，再去解决所遇到的问题；第四步，如果问题还是解决不了，那既不是你的问题也不是那个问题的问题，而是你的心性问题——欠磨炼。

2

要重视朋友和书籍

与朋友交游，须将他好处留心学来，方能受益；
对圣贤言语，必要我平时照样行去，才算读书。

译文

和朋友往来交流，必须将他的优点用心学来，才算是得到好处；读古圣先贤的著作，必是读后按书中的话去实践，才算是真正读懂了圣贤书。

度阴山曰

"朋友论"的发明者是孔子，他认为我们要和那些正直（友直）、诚信（友谅）和知识广博（友多闻）的人交往，因为我们能从这样的朋友那里得到益处；如果交的都是酒肉朋友，那对你会弊大于利。

"读书论"则告诉我们，真正的会读书，是"知行合一"的读书模式：把书中的圣贤话语拿到实践中去检验，一方面是检验圣贤的话；另一方面是检验自己的学习转化能力，把圣贤的话和自己的行为合二为一，这才是真正的知行合一。

3

人生就是"补差价"

贫无可奈惟求俭，拙亦何妨只要勤。

译文

贫穷到极致时，只要节俭，总还是能过下去的。天性愚笨不怕，只要比别人更勤奋，还是可以和别人并驾齐驱的。

度阴山曰

"补差价"理论指的是：在自己不如别人时，要想和别人相同，就必须补上与别人相差的那部分。假设一个猪头一百元，你购买后发现别人准备了礼品盒，而你却没有。为了美观，你必须再花十元钱买个礼品盒。花这十元钱就是补差价。

有的人提前准备了"礼品盒"，比如聪明的人、富裕的人；有的人就没有准备，比如愚笨的人、贫穷的人。此时，若要和别人一样，你就要付出比别人更多的代价，比如更勤奋或者是更节俭。

若要和他人平等，你就要学会"补差价"。现实是，每个积极向上的人，都在"补差价"。

4

越简易越稳妥

稳当话，却是平常话，所以听稳当话者不多；
本分人，即是快活人，无奈做本分人者甚少。

译 文

稳妥可靠的话，反而是平凡无奇的话，所以大多数人不愿听这样的话；安分守己的人，就是快乐自在的人，只可惜能够安分守己的人很少。

度阴山曰

父母对儿女说的话往往平平无奇，但对儿女而言，这些绝对是稳妥可靠的话。推销员、"江湖神医"对你说的话，永远是语不惊人死不休，但稳妥可靠的几乎没有。

我们为什么更容易被花言巧语欺骗呢？当我们听到花言巧语时，我们会被言语分散注意力，而忽略言语背后的真相，所以我们容易因糖衣炮弹的攻击而受骗；当我们听到平凡话语时，由于注意力不在话语而是在话语背后的事情上，所以我们更容易保持清醒的头脑来判断事情而不是话语，这样即使有人要骗我们，我们也能轻易识破。

5

己所不欲，勿施于人

处事要代人作想^①，读书须切己用功。

注 释

① 代人作想：换位思考。

译 文

人际交往中，要站在别人的角度考虑问题，读书需要自己切实用功。

度阴山曰

"换位思考"指的是，站在对方的角度考虑问题。这能使我们和对方的关系迅速变得融洽，而且能大有收获；然而现实中，这很难做到。

第一，即使你愿意换位思考，别人可能也会觉得你是在揣摩他，而对你产生警惕；第二，换位思考是种本事，你要有超强的感同身受的能力，能不能做到，是个大问题。真正的换位思考应该是孔子的"恕之道"：己所不欲，勿施于人。

6

过好这一生，"信"和"恕"足矣

—"信"字是立身之本，所以人不可无也；

—"恕"①字是接物②之要，所以终身可行也。

注 释

① 恕：宽容。

② 接物：待人接物，意为与人交往。

译 文

一个"信"字是我们在社会中立身的根本，所以不可以没有；一个"恕"字是处理人际关系的要点，所以毕生可奉行。

度阴山曰

我国古代的"信"和西方的"契约精神"不同，契约由实力相当的双方签订，一旦有一方力量发生变化，平衡被打破了，契约精神就不复存在。我国古代的"信"，是一种发自内心的虔敬，是诚信，无论双方力量多么不平等，只要说了平等合作，就一定能保持力量均衡。中国人的"信"不是写在纸上，而是写在心中。

孔子的思想，一言以蔽之，忠恕而已。忠是尽心尽力，恕是己所不欲，勿施于人。在尽心尽力做事，并且在利他的情况下，一定会得到他人的善待，最终双方共同进步。

然而，几千年来，口中说孔子思想的人多，真正践行的人

少。这足以说明，利他是件难度超大的事情。为什么有如此大的难度？因为多数人都有私欲，多数人都短视，只想为自己捞好处，而不管他人死活。

7

"杠精"的思路

人皆欲会说话，苏秦①乃因会说话而杀身；
人皆欲多积财，石崇②乃因多积财而丧命。

注 释

① 苏秦：战国时期鬼谷子的弟子，倡导东方六国联合对付秦国，这就是"合纵"，他通过卓越的口才说服东方六国首脑，使秦国不敢妄动，后来在齐国被谋杀。

② 石崇：西晋人，富可敌国，好炫富，后因生活豪奢遭嫉妒而被杀。

译 文

人人都希望有好口才，但苏秦却因为口才太好而被杀；人人都希望拥有巨额财富，然而石崇就是因为财富过多遭人嫉妒而惹来杀身之祸。

这是典型的"杠精"套路：好口才是人人都希望的，可"杠精"却说，苏秦因为好口才而死；财富是人人都想要的，可"杠精"却说，石崇因为财多而遭人杀害。

这是没有看到表象背后的本质。扬雄《法言》点明了苏秦的本质：同样以口才著称于世，孔子的高徒子贡排忧解难，而苏秦、张仪却是通过骗人术谋取自己的富贵。

石崇身怀巨富，却不知低调，与人斗富、草菅人命，为富不仁又看不清形势，这样的人好比刀尖上跳舞，身首异处也不足为奇。

8

对付小孩和小人的绝招

教小儿宜严，严气足以平躁气；
待小人宜敬，敬心可以化邪心。

译 文

教育小孩要严厉，用严厉来纠正小孩的顽皮毛躁；和小人相处要以尊重和谨慎的心对待，如此可以化解他的邪心。

度阴山曰

教育小孩要严厉，关键是谁来扮演这个严厉的角色，是父亲

还是母亲？有人说是父亲，也有人说是母亲。其实最好的角色扮演应该是"阴阳平衡"：母亲是阴，扮演严厉角色的是阳；父亲是阳，扮演慈善角色的是阴。

和小人打交道，有人认为特别有难度，因为小人的确很难相处，其实只需要一个字，就可以搞定所有小人，这个字就是"敬"。"敬"有神奇功效，一方面可以化解小人的敌意，另一方面可以让他和你保持距离，可谓一箭双雕。

9

守本分和定是非

善谋生者，但令长幼内外勤修恒业，而不必富其家；
善处事者，但就是非可否审定章程，而不必利于己。

译文

善于维持生计的人，只是让家中每个人恪守本分，各尽其责，专注于家中的主业，不必非要大富；善于处理事情的人，只是在确定是非后订立办事的规则和程序，而不必非要有利于自己才去做。

度阴山曰

做任何事都应有两道护身符——守本分和定是非。只要拥有这两道护身符，就能事半功倍。

守本分是确定秩序的前提，人只有先守本分才能谈及下一步的责任、专注、勤奋。人也只有确定是非，做正确的事，才有可能把事情做正确。其实很多时候我们总是困在事中无法解脱，无非是因为缺少这两道护身符，要么是在做一件错误的事，要么还没有做事内心就开始不本分了，所以事情才难成。

试着用"守本分""定是非"去做事，一定能得到惊喜。

10

煎熬出来的食材最美味

名利之不宜得者竟得之，福终为祸；
困穷之最难耐者能耐之，苦定回甘。
生资①之高在忠信，非关机巧；
学业之美于德行，不仅文章。

注 释

① 生资：人的资质、天分。

译 文

得到不该得到的名利，福气会转化为灾祸。深处困穷之中如果能耐得住，苦难之后一定是甘甜。人的资质高低，在于对事情是否尽心而有信义，并不在于机变和心思巧妙。善读书的人主要在于他的道德和品行的美好，而不在于文章美妙。

世界上有两种烹饪方法制造出来的食物最美味：一种是"煎"，另一种是"熬"。人生也有两种最有效的解决问题的方式：一种是煎熬，另一种是挺住。

能在煎熬中挺住，熬得住，就必有出头之日，必尝到甘甜。其实幸福、成功的人生并非有什么天降洪福、菩萨保佑，也不是天纵智慧、所向披靡，很多人的成功都是靠一个字——熬，两个字——硬挺。

11

搞笑的"与世为敌"论

风俗日趋于奢淫，靡所底止①，安得有敦古朴②之君子，力挽江河③；

人心日丧其廉耻，渐至消亡，安得有讲名节之大人，光争日月④。

注 释

① 底止：没有止境。

② 敦古朴：厚道而不浮华。

③ 力挽江河：用力改变现状。

④ 光争日月：指可与日月争辉。

社会风气趋向奢侈放纵，愈演愈烈，最希望有个不同于流俗而又质朴厚重的人，振臂呼吁，改变社会风气江河日下的状况；人们越来越无耻，最后就连脸都不要。真希望出现一个名誉和气节超高的人，用他的光辉照亮世人，让世人迷途知返。

我国古代人生观上的"与世为敌"论认为，人世的很多事，诸如社会风气，大多时候都是恶的。若想改变这种现状，有两个办法：第一，远离人世，遁入空门或原始森林；第二，找到一个与社会风气恰好相反的高风亮节的人，以榜样的力量使人回归。

这两个方法，都不靠谱。第一个是逃避，类似于鸵鸟把脑袋埋在沙地里；第二个则是幻想，想凭借个人的力量改变世界，这是圣人都做不到的事情。

与其向外求，不如退而自守，先做好自己，再力所能及地影响身边人，如果人人都能如此，这个世界也许就会慢慢变好了。

12

人脸即一"苦"字

人心统耳目官骸^①，而于百体为君，必随处见神明之宰；人面合眉眼鼻口，以成一字曰苦^②，知终身无安逸之时。

① 官骸：五官身体。

② 以成一字曰苦：两眉为草，眼横鼻直而下承口，乃"苦"字也。

译 文

心统御人的五官、内脏以及躯干，可说是身体的主宰，所以必须随时拥有清楚明白的心思，才能使见闻、言行不出错。人的脸是由眉毛、眼睛、鼻子、口而组成，成一"苦"字。由此可知，人的一生是苦多于乐，少有安逸的时候。

度阴山曰

人的脸由眉毛（一横）、眼睛（一撇一捺）、鼻子（一横一竖）和嘴（口）组成，像一个"苦"字。

有一种有趣的说法是，婴儿出生的第一件事就是哭，因为他知道自己要受苦了。如果注定要经历人生的苦，苦难之余，何不学会自找乐趣、苦中作乐？"人生不满百，常怀千岁忧。昼短苦夜长，何不秉烛游。"面对人生的苦难，古人有太多值得我们回味学习的苦难，有太多值得我们回味学习的哲思，当你遇到不顺心的事时，常念一二，也许可以获得些许安慰。

13

尽管用心，万事可成

伍子胥①报父兄之仇而郢都灭，申包胥②救君上之难而楚国存，可知人心足恃也；

秦始皇灭东周之岁而刘季③生，梁武帝④灭南齐之年而侯景⑤降，可知天道好还也。

注释

① 伍子胥（？—前484）：春秋时期吴国大夫，原楚国贵族，父被楚王冤杀，伍子胥逃奔吴国，辅佐吴王攻破楚国。

② 申包胥：春秋时期楚国贵族。伍子胥逃离楚国时发誓说，我必灭楚。申包胥接口道，你能灭楚，我必兴楚。后来，伍子胥率领吴国兵团攻陷楚国国都，申包胥去秦国请救兵，哭七天七夜，秦终于同意出兵，拯救楚国。

③ 刘季（前256或前247—前195）：刘邦，字季，西汉帝国开国皇帝。

④ 梁武帝（464—549）：南朝梁开国皇帝萧衍，502年代齐称帝。

⑤ 侯景（503—552）：原是东魏大将，547年投奔南梁，再反叛南梁，萧衍因此而死。

译文

春秋时的伍子胥为报父兄之仇，誓言灭楚，后来终于破了楚

国的首都郢（今属湖北），申包胥则发誓要保全楚国，最终也得偿所愿。由此可见，人只要下定决心去做一件事，少有不成的。

秦始皇灭东周那一年，灭秦立汉的刘邦出生，梁武帝萧衍灭南齐那一年，后来消灭萧衍的侯景不久后降生。可见天道循环，报应不爽。

度阴山曰

世上之事，最怕用心。"有志者，事竟成""苦心人，天不负"，说的就是这个道理。伍子胥和申包胥虽然念头截然相反，但都用了心，所以都成功了。这个故事告诉我们：尽心尽力，万事可成。

至于报应一说，将人的努力归于天意，未免愚昧。

14

修养要做到重剑无锋

有才必韬藏，如浑金璞玉，暗然而日章①也；
为学无间断，如流水行云，日进而不已也。

注释

① 暗然而日章：暗，不明亮；章，同"彰"，彰显。

有才能的人必定勤于修养，不露锋芒，就如未经提炼雕琢的金玉一样，虽不能让人耳目一新，但日久便知其价值了。做学问一定不可间断，要像不息的流水和飘浮的行云，永远不停地前进。

修养定律之"重剑无锋"的含义是：真正的修养高手向来锋芒不露，如一把重剑，剑刃丝毫不锋利，却能凭着重量击败一切对手。在力量面前，所有的技巧都是摆设。个人修养就是力量；所谓情商，就是技巧。

哪怕"日拱一卒"，日日不断之功下，也能成就一番事业。

15

金山银山，不如多多行善

积善之家，必有余庆；积不善之家，必有余殃。^①可知积善以遗子孙，其谋甚远也。

贤而多财，则损其志；愚昧而多财，则益其过。可知积财以遗子孙，其害无穷也。

注 释

① 语出《易传·文言传·坤文传》，意思是：修善的人家，

必然有多的吉庆；作恶的人家，必多祸殃。

译 文

凡是行善的人家，必然留给子孙许多德泽；而行不善的人家，遗留给子孙的只是祸害。由此可知，多行善为子孙留德泽是深谋远虑的。贤能又有许多财富，容易让人不求上进而沉迷享乐；愚笨却有许多财富，这些财富只能给人带来更多的过失。由此可知，将财富留给子孙，无论子孙贤还是不贤，都是有害而无益的。

度阴山曰

作为合格的家长，都希望给孩子留下物质财富，子女如果成才，这些财富将给他们的人生锦上添花，但子女若是不愿努力，多少物质财富，都会转眼成空。中国古代知识分子都认为，应该给孩子留下精神财富。这些精神财富不仅仅是提升品德的家训，更多的是善行。如果人能拥有积善意识，任何时候、任何地方，都好比拥有一座金山。

其实，金山银山，不如多多行善。

16

养不教，为何是父之过？

每见待弟子严厉者易至成德①，姑息者多有败行，则父兄之教育所系也。又见有子弟聪颖者忽入下流，庸愚者较为上达，则父兄之培植所关也。人品之不高，总为一"利"字看不破；学业之不进，总为一"懒"字丢不开。德足以感人，而以有德当大权，其感尤速；财足以累己，而以有财处乱世，其累尤深。

注　释

① 成德：成为有道德的人。

译　文

常见对待子孙严格的人，子孙都比较容易成为有才德的人；而对子孙太过宽容的人，子孙的德行大多败坏，这完全是父兄教育的关系。也曾见到有些晚辈本很聪明，却突然做了坏事；有些晚辈原本愚钝，倒成为品德高尚的人，这就和父兄的栽培有千丝万缕的联系了。一个人品格不高，只是因为无法将"利"字看破；学问之所以不长进，只是因为一个"懒"字丢不掉。道德足以感化人，尤其是有道德的人掌握了权力后，感化人的速度、质量会更上一层楼；财富足以拖累到自己的人，遇到乱世，就更麻烦了。

度阴山曰

我国传统家庭教育思想中的"养不教，父之过"论，流行了几千年。母亲在传统教育中的地位被刻意忽略了。但事实上，伟大人物的童年教育中，扮演老师的往往是母亲。孟母三迁、岳母刻字，都是如此。

没有利就没有尊严，这是现实。所以没有利要去合理地追逐

利，而有了利，就没必要把它看得太重。因为利是船，在海上没有船时，你可以看重它；一旦有了船，只需乘坐就是，不必心中眼中全是船，它只是个让你活得更好的工具而已。

"平台主义"认为，离开平台你什么都不是。有道德的人如果没有良好的平台，他只能感化有限的几个人；可一旦遇到好平台，他就能感化无数人。平台就是喇叭，能让你的声音成倍扩大，扩大的声音并不是你真实的声音，所以千万别把平台的力量当成自己的力量，否则会被啪啪打脸。

"财富累人"是个伪概念，如果财富真累人，就不可能让古往今来那么多人都追逐它了。财富不累人，对财富的得失心太重才累人。

17

只有读书能做到自给自足

读书无论资性高低，但能勤学好问，凡事思一个所以然，自有义理①贯通之日；

立身不嫌家世贫贱，但能忠厚老成，所行无一毫苟且处，便为乡党仰望之人。

注 释

① 义理：言论或文章的内容和道理。

　　读书不论天资高低，只要勤奋，凡事都问个为什么，自然能通晓书中的道理；在社会上立身处世，不怕自己出身贫穷低微，只要为人忠厚，做事稳重，所作所为没有丝毫违背道义的地方，那就是家乡父老所欣赏的人。

度阴山曰

　　人生最重要的法则之一就是"自给自足"。

　　读书是为了自己，而且通过读书获取快乐，能构建属于自己的世界，与外面的物质世界绝缘，活在这种世界中，想怎么活就怎么活。即使很贫穷，但踏实做人、为人忠厚，不需要得到别人的欣赏，自己心安，这就是自给自足。

　　精神上的"自给自足"是活得快乐的心法之一。

18

乡愿眼中没有事

孔子何以恶乡愿①，只为他似忠似廉，无非假面孔；
孔子何以弃鄙夫②，只因他患得患失，尽是俗心肠。

注 释

①"乡愿"源自《论语·阳货》："乡愿，德之贼也。"即外貌忠厚却与流俗同流合污的伪善人、老好人。

② "鄙夫"源自《论语·子罕》："有鄙夫问于我，空空如也。"即人格卑鄙、见识浅薄的人。

孔子为什么厌恶乡愿，只因乡愿表面忠厚，其实内心并非如此，是个虚伪的家伙；孔子为什么讨厌鄙夫，因为鄙夫总是得失心重，斤斤计较，是个不知人生精神内涵的庸人。

度阴山曰

乡愿眼中没有事，"事儿精"眼中都是事。乡愿拒绝冲突，为了没有冲突泯灭是非对错，他们的口头禅是"随便""都可以"。"事儿精"永远在挑起他和别人、他和自己的冲突，他们的口头禅是"但是呢""可是呢"。

离乡愿远些，因为关键时刻他不会对你有任何帮助；离"事儿精"远些，因为他无时无刻不在消耗你的能量。

要远离这两种人，但最重要的是，不要成为这两种人中的任何一种。

19

精致的利己主义者

打算精明，自谓得计，然败祖父之家声者，必此人也；
朴实浑厚，初无甚奇，然培子孙之元气者，必此人也。

凡事都斤斤计较、从不吃亏的人，自以为很成功，但败坏祖宗良好名声的必定是这种人；诚实简朴而又敦厚的人，开始时见不到他有什么奇特表现，然而让子孙元气满满、历久不衰的，正是这种人。

度阴山曰

任何时代都有一种人，大家称他为"精致的利己主义者"，他们永远都是个人利益至上，为自己的欲望地盘步步为营、精打细算，绝不吃亏。如果你是利己主义者的家人、朋友，有时可能也会跟着沾沾光。

但是，遇到困难时，利己主义者绝不舍弃自己的利益而去照顾家人和朋友，何况他人。这种人，无论对你多好，你都要小心，不是关键时刻见人心，而是关键时刻他就没了人心。

20

做对的事，才能把事情做对

心能辨是非，处事方能决断；
人不忘廉耻，立身自不卑污。

译 文

心中能辨别是非对错，在处理事情时才能果断、坚决；人不

忘记廉耻心，在社会上行走，就不会做出卑鄙烂污的事情来。

"是非即成败"理论指出，只要确定一件事是正确的，那这件事已经成功了百分之九十九。所有的人类历史发展都无疑确定了一个事实：只有做对的事，才能把事情做对。当你做错的事时，你永远不可能成功。与其把心思花在如何正确地做事上，不如只简单地确定事情是不是正确的，后者比前者的成功概率高出万倍，这就是"是非即成败"。

当人对一件事有了是非判断后，会变得异常果断、坚决，这就如同你在结婚问题上很少犹豫不决，如同你在美食面前经常果断开吃一样，因为结婚和吃美食是对的事。

人有廉耻心，就不会做出卑劣的事，因为有廉耻心和卑劣是"不共戴天"的。

21

忠孝不分愚或灵

忠有愚忠，孝有愚孝①，可知"忠孝"二字，不是伶俐人做得来；

仁有假仁，义有假义，可知仁义两行，不无奸险人藏其内。

① 愚忠、愚孝：不明事理，盲目愚蠢地尽忠、尽孝。

译 文

有一种忠心被人视为愚行，就是"愚忠"，也有一种孝行被人视为愚行，那是"愚孝"，由此可见，"忠孝"二字，过于聪明的人是做不来的；同样，仁义中也有假的仁和假的义，由此可知，大家所说的仁义之士中，不见得没有奸诈的小人。

度阴山曰

"忠孝"问题没有讨论的余地，忠孝就是忠孝，不分什么愚忠愚孝、灵忠灵孝。凡是认为忠孝有愚忠愚孝、灵忠灵孝的人，绝不是孝顺的人。因为他在给自己的不忠不孝找借口。所以说，"忠孝"二字，过于"聪明"的人是做不来的，这个"聪明"要打上大大的引号。

忠孝没有灵忠孝和愚忠孝之分，但仁义却有真仁义和假仁义之别。假仁假义的人要比真小人更可恶，因为他不仁义已是罪恶，却又希望用仁义来伪装，这是罪上加罪。假仁假义的人最让人恶心的地方，就在这里。

22

人的偏好决定一切

权势之徒，虽至亲亦作威福，岂知烟云过眼，已立见其消亡；

奸邪之辈，即平地亦起风波①，岂知神鬼有灵，不肯听其颠倒。

注 释

① 平地起风波：出自唐·刘禹锡《竹枝词》："长恨人心不如水，等闲平地起波澜。"引申意是，人心比洪水还要恐怖，常常平地掀起波澜，比喻人心叵测。

译 文

把权势当回事的人，即使在至亲好友面前，也会卖弄他的权势作威作福，哪里知道权势不长久，如烟消云散一般容易；奸诈之人，即使在太平日子，也会为非作歹，哪里知道世界上真有鬼神在暗中观察，邪恶的行为终将失败。

度阴山曰

作威作福的人不会长久，奸诈之人的行为也不会长久。

为何人类还是主张尽量惩恶扬善、存是去非呢？并非善和是能给人类带来希望，恶和非给人类带来绝望，而是人的本性就是喜欢善、喜欢是，厌恶恶、厌恶非的。

我们所有的行为，必须建立在顺应人的本性上。

别把富贵放心上，
无论是自己的还是别人的

自家富贵，不着意里[①]，人家富贵，不着眼里，此是何等胸襟！

古人忠孝，不离心头，今人忠孝，不离口头，此是何等志量！

注 释

① 意里：心中、念头里。

译 文

自己的富贵别放在心上，别到处炫耀。别人的富贵，也不要眼红。这要何等的胸怀和气度才能做到！古人常将"忠孝"二字放在心上，现在的人常对他人的忠孝行为由衷地称道。这要何等的肚量才能做到！

度阴山曰

人很难做到拥有富贵不炫耀，也很难做到对别人的富贵不眼红。无论是炫耀还是眼红，请记住一件事：只过过嘴瘾就好，千万别真的放在心上，否则难受的是你自己。

很多美好品德，诸如忠孝，古人是实打实地做，今人是实打实地说。难道古人真就比今人品德高？未必，受经济情况所限，古人没有太多事可以做，尽忠孝是其中最重要的事情之一。现在

经济发展了，大家有很多事要做，自然会把尽忠孝的时间分出一部分，于是让人感觉今人不那么忠孝了。地球上太多的事，背后都有一套逻辑，别只看现象，不知逻辑。

24

为什么人能管别人而不能管自己

王者不令人放生，而无故却不杀生，则物命可惜也；
圣人不责人无过，惟多方诱之改过，庶人心可回也。

译 文

做君王的不必命令别人放生，只要自己不无缘无故杀生，那就是在教人爱惜生命。圣人不会要求人一定不犯错，只是用各种方法引导众人改正错误，如此，人心就可由恶转善，回归正道。

度阴山曰

人唯一能管的就是自己。而大多数人恰好相反，在不管自己的情况下总想着去管别人，结果，不但无法管好别人，还害了自己。

我国儒家的治天下之道，只是"治自己"。把自己治理明白，让自己站在台前成为榜样，就会激发大家内心的善，使大家跟着效仿。

这种办法看上去很简单，但操作起来难上加难。第一，人最不容易治的就是自己；第二，在治自己的过程中，监督者又是自己，等于自己给自己打分，没有人会给自己打低分；第三，所有人都喜欢盯着别人，想办法治别人，注意力不在自己身上，怎么能治得了自己？

25

"享受过程"定律

大丈夫处事，论是非，不论祸福；
士君子立言，贵平正，尤贵精详。

译文

大丈夫处理事情，只考虑是非，不考虑祸福；君子说话、写文章，重视公平正直，尤其重视精密翔实。

度阴山曰

"享受过程"定律说的是，事情的过程有是非，结果是祸福。享受过程是只考虑是非，而不考虑结果的祸福。

那么，我们为什么在做事前总要考虑祸福而拒绝是非呢？这是因为人类的"结果导向"思维总是让我们跳过事情的开始和过程，直接到结果，所以人类是个思维上的时光穿梭者。当人看到结果是祸时，马上返回来告诉我们，停止一件正义的事。只有那些勇于负责、心胸博大的人，才不问结果，只问初心和过程。

君子教化人，不是意气用事，也不是随心所欲，教化内容必须是公平正直、精密翔实的。

功利与乐趣势不两立

求科名①之心者，未必有琴书之乐；
讲性命②之学者，不可无经济之才。

注 释

① 科名：考中科举而取得功名。
② 性命：中国古代哲学范畴，指的是万物的天赋和禀受。

译 文

存着追求功名利禄之心的人，无法享受到琴棋书画的乐趣；讲求万物的天赋和禀受的人，不能没有经世济民的才学。

度阴山曰

功利和乐趣势不两立，任何事，倘若你抱着功利的目的去学，那就不可能获得乐趣。若想获得乐趣，必须祛除功利心。一心不可二用，要么用在功利上，要么用在乐趣上。倘若想鱼和熊掌兼得，那将一无所获。

纯享受乐趣没有问题，纯看重功利也没有问题，最怕的是既想要功利又想要乐趣，这就有了大问题。

27

以静制动不如以横制动

泼妇之啼哭怒骂，伎俩要亦无多，惟静而镇之，则自
止矣；

谗人之簸弄挑唆，情形虽若甚迫，苟淡而置之，是自
消矣。

译文

蛮横妇女的哭闹骂人，不过就那点花样，只要平心静气，不
去理会，她自觉无趣，吵闹自然停止。当喜说人是非、颠倒黑白
的人攻击我们时，我们感觉似乎已被其逼得走投无路，如果不放
在心上，对那些毁谤的言语听而不闻，那么谣言自然会消失。

度阴山曰

两类人最是难缠：一类是蛮横无理的人，另一类是搬弄是非
的小人。古老的智慧用"以静制动"来对付他们，可未必有效。
因为真对他们不理不睬，他们不会因良心发现而停止卑鄙的行
为，反而会变本加厉。此时，你就不能再静，否则会被他们的唾
沫星子淹死。

我们总是希望用最低成本的手段去搞定这两种人，其实，越

是蛮横无理、搬弄是非的人，越胆小如鼠。倒不如义正词严地呵斥他们，揭穿他们的真面目。

28

凡夫俗子也可帮人解决困难

肯救人坑坎①中，便是活菩萨；
能脱身牢笼外，便是大英雄。

注 释

① 坑坎：喻指苦难、困难。

译 文

肯解救他人于困难中的就是活菩萨；能挣脱生活的牢笼，力求自我完善的人，就是大英雄。

度阴山曰

菩萨的本质不是移山填海、呼风唤雨，而是帮人解决困难。如果凡夫俗子也能帮人解决困难，你就和活菩萨差不多。

一些人遇到困难就无法坚持下去，于是选择退缩；而有些人则无论遇到多大风雨磨难，都坚守初心，最终得偿所愿。

调适自己，就是给自己创造了一个世界，在这个世界中，你是万王之王。

古往今来，所有的英雄豪杰都必须脱离琐碎生活的羁绊，如果不能做到这一点，就永远不可能成为英雄。只有摆脱了鸡毛蒜皮的那些事，才会在自我完善、奋发向上的道路上一往无前。

每个人都有成为英雄的潜质，只不过有时候被生活的鸡零狗碎束缚住了，摆脱它们，你就有可能成为英雄。

29

世界上没有"刀子嘴，豆腐心"这回事

气性乖张，多是天亡之子；
语言深刻①，终为薄福之人。

注释

① 深刻：尖酸刻薄，不宽容。

译文

性情怪僻，多是早亡之人；讲话尖酸刻薄，大都为没有福气的人。

度阴山曰

性情怪僻则不能和他人共处，而人的快乐很大部分来自和谐的人际关系。没有了和谐的人际关系，人就不会快乐，不会快乐就会生病。

至于讲话尖酸刻薄，显然是心胸有问题。一个人没有包容心，稍有外界的不顺，立即就反击，不但影响他人，还会影响自己的心情，天天心中怨气十足，不可能有福气。

但尖酸刻薄的人，始终希望别人评价他为"刀子嘴，豆腐心"，可稍有些心理常识的人都知道，心指挥五官，你的视听言行都来自心的调控，一颗"豆腐心"很难让嘴说出刀子般的话来。

30

志气和野心，区别在哪里

志不可不高，志不高，则同流合污，无足有为矣；
心不可太大，心太大，则舍近图远，难期有成矣。

译 文

人的志气不能不高，若志气不高，就容易被不良的环境影响，不可能有大作为。人的雄心不能太大，太大就成了野心，那么便会舍弃切近可行的事去追逐遥远不可及的目标，最终很难有成就。

度阴山曰

如何区别志气和野心？古人区分的标准很诡异——他看你的动机。确立的目标如果动机纯粹，就是志向；如果不纯粹，就是野心。一切都以起心动念而不是结果为导向。

人肯定要有志气，志气其实不仅是个目标，更是一种时刻奋进、永远追求完美道德的状态。在这种状态的保驾护航下，人注定有大作为。人万不可有野心，有野心的人，常常会为达到目标而不择手段，但这并不是最重要的，最重要的是，他无时无刻不设定目标，目标一个接着一个，永不停息。有野心的人会采用"蛙跳战术"来追近他的目标，在上蹿下跳中，要么摔跤，要么迷失自己。

志气高的人，追求的目标必须是善的，不管是否能超越他人；野心大的人，追求的目标必须是超越他人的，不管是善是恶。

31

摆脱贫贱不可耻，
不择手段摆脱贫贱才可耻

贫贱非辱，贫贱而谄求于人为辱；富贵非荣，富贵而利济于世为荣。

讲大经纶，只是实实落落；有真学问，决不怪怪奇奇。

译文

贫贱并不可耻，可耻的是因为贫贱便去谄媚奉承别人；富贵也不是特别光荣的事，光荣的是富贵而能够帮助他人，对世人有利。讲经世治国的学问，应是实在可行的；真正有学问的人，绝不会发怪诞不经的言论。

贫贱不可耻，摆脱贫贱也不可耻，为了摆脱贫贱而甘于下贱才可耻。富贵不光荣，富贵而彬彬有礼也不一定光荣，富贵能帮助别人才光荣。

贫贱是自己的事，只要不干扰到别人就不可耻。而富贵却不仅仅是自己的事，所以富贵本身纵然不可耻，也不光荣，只有让他人也享受到你富贵的好处，才是光荣。在这个世界上生活久了，你就会发现：你没钱是你自己的事，你有钱则是大家的事。贫贱可以被他人原谅，富贵却要和他人分享（无论你是主动还是被动）。

经世治国的学问肯定是知行合一的学问，如果没有实操性，就不是经世治国，而是祸国殃民的纸上谈兵。不过千万要注意，人类历史上很多改革家挽救国家于危亡时所提出的经世治国的主张，也被当时人否定。商鞅变法如此，王安石变法如此，张居正变法仍如此。究其原因，所谓"不切实际"，所谓"实操性强"，都是出于利益考量，为此他们会指鹿为马，变白为黑。于是，很多历史上经世治国的学问，都被人说成了"不切实际"。

真正有学问的人，都有两种学问，一种是知识、思想型的，另一种是涵养型的。人有知识、思想而没有涵养，就会卖弄学问，所以总出惊人之语。人如果有涵养却没有知识、思想，则会出神棍之语。

只有既有知识、思想，又有涵养，且能看清人生真谛的人，才能缓缓道来，语气平和，不吊人胃口，更不会一惊一乍。

32

把自然拟人化，是人类干的最大好事

古人比父子为桥梓，比兄弟为花萼，比朋友为芝兰，敦伦^①者，当即物穷理也；

今人称诸生曰秀才，称贡生曰明经，称举人曰孝廉，为士者，当顾名思义也。

注 释

① 敦伦：第一种意思是敦睦人伦；第二种意思是行房。

译 文

古人把父子比作乔木和梓木，把兄弟比作花和萼，把朋友比作芝与兰，所以敦睦人伦的人，应该根据具体事物推究其中的道理；现在的人把诸生称作秀才，把贡生称作明经，把举人称作孝廉，作为读书人，应该在看到这些名称的时候就联想到其中的含义。

度阴山曰

把自然界的事物拟人化，是人类最喜欢也最擅长做的事情之一。由于受"天人合一"思想的影响，人是天（大自然）的副产品，所以在有些人看来，大自然的一切都是人参考、效仿的对象。比如花、萼的关系，就应该是兄弟之情；芝、兰的关系，就应该是朋友。我们总是为自己在大自然中寻找理论和现实的支持。

自孔子"正名"思想横空出世后，我国古人就希望处处做到名副其实。比如举人就应该孝，诸生就应该秀于他人，贡生就应该明白经纬。当我们看到这样的称谓时，要想到其名背后的实，实和名应该合一，所以我们就会主动要求自己按照道德原则行事。

33

做好自己，是最好的家教

父兄有善行，子弟学之或不肖；父兄有恶行，子弟学之则无不肖。可知父兄教子弟，必正其身以率之，无庸徒事言词也。

君子有过行，小人嫉之不能容；君子无过行，小人嫉之亦不能容。可知君子处小人，必平其气以待之，不可稍形激切也。

译 文

父辈和兄长有好的德行，后辈中可能有人学不像；父辈和兄长有不好的德行，后辈却没人学不像。由此可知，父辈和兄长教育后辈，必须先端正自身的德行来做表率，不能只停留在言语教导上。君子有过失，小人因为嫉妒而不能包容；君子没有过失，小人同样因为嫉妒而不能容忍。由此可知，君子与小人相处，必须平复自己的情绪来冷静对待，不能表现出激烈、直率的言辞和态度。

　　家庭教育的关键点不在于你和孩子讲多少道理，道理固然重要，却没有你做好自己重要。倘若你能把一个男人／女人的标准、一个父亲／母亲的标准做到合格，那你的孩子会耳濡目染，他会看在眼中，偷偷模仿。孩子模仿久了成为习惯，你的家教课程自然成功。

　　不做好自己，却总想着把孩子教育明白，这是典型的不向内求而向外求，结果会鸡飞蛋打。太多家庭教育的失败案例，都有这个特点：向外求。太多家庭教育的成功案例，都有这样的特点：向内求。

　　在小人眼中，君子无论做了什么都是错的，正如在锤子眼中，所有的东西都是钉子。你和小人相处时就没必要分善行还是恶行，因为善恶在他们眼中都是恶。所以，你该对他善就对他善，该对他恶就对他恶，遵从本心就好。

34

不让父母担心，是最大的孝

守身不敢妄为，恐贻羞于父母；
创业还须深虑，恐贻害于子孙。

　　之所以洁身自爱不敢胡作非为，是因为担心会给父母带来

耻辱；创立事业之所以要深谋远虑，是因为担心会给子孙留下祸害。

　　王阳明曾说，儿女最大的孝顺是不让父母担心。如果每个做儿女的都用这一条来约束自己，当然就不会胡作非为，就会洁身自爱，因为只有自己行得正、走得对，才不会让父母担心。不让父母担心，就是家庭和谐，家庭和谐就是国家和谐，这是中国传统文化中"孝"的威力所在。

　　至于创业必须深谋远虑，无非是告诉我们，创业九死一生，所以如果没有十足的把握千万不可去尝试。如果赔个底朝天还不要紧，要紧的是欠一屁股债，这就是给自己和后代挖了个大坑。其实这两条，无论是品行的洁身自好还是创业的千万小心，都在告诉我们一条古老的定律：能稳就不要冒险，平稳才是硬道理。这条定律有好的一面，让我们凡事加倍小心；也有坏的一面，让我们不敢去赌明天。

35

做人不要势利眼

无论作何等人，总不可有势利气；
无论习何等业，总不可有粗浮心。

无论做哪种人，都不可有嫌贫爱富、以财势度量人的习气；不论从事哪种职业，绝不可有粗俗浮躁的心。

度阴山曰

嫌贫爱富、以财势衡量人，这都不是君子行为。试想，如果只是因为你不富有，别人就对你说三道四，甚至把你说成是低贱之人，你该做何感想？人生在世，不应该只看财富和地位，还要注重美德，保持一颗良心。

有没有财富不重要，有没有地位不重要，重要的是，要有良心。有良心的人，才不会用外在物质去评价人，更不会在工作岗位上浮躁，因为他们知道，做任何事，都要对得起自己的良心。

36

认识自己最有效的方法就是撞

知道自家是何等身份，则不敢虚骄①矣；
想到他日是那样下场，则可以发愤矣。

注 释

① 虚骄：无真才实学却骄傲自大。

明白自己有多少本事，就不敢妄自尊大；想到他日不发愤图强的后果竟是那样悲惨，就能振作起精神，努力奋发。

很少有人在平时就能知道自己几斤几两，大多数知道自己有多少斤两的人，都是在被生活撞得鼻青脸肿，或者是遭他人碾压之后。人只有知道自己有多少本事，才不会自命不凡，不会号称"老子天下第一"。可惜的是，若想知道自己有多少本事，并不能只通过自我反省，因为你没有自我反省的意识，只能通过撞南墙，撞得头破血流后才能有意识地来提升自己的本领。人就是如此矛盾，必须受伤，才能受教。

聪明人会把别人当成镜子，时刻对照，发现问题，从而警醒自己，绝不能和别人一样混日子。聪明人总能从别人身上学到优秀的地方。我们每个人其实都是别人的榜样。

37

最可怕的不是晴天霹雳，
而是温水煮青蛙

常人突遭祸患，可决其再兴，心动于警励也；
大家渐及消亡，难期其复振，势成于因循也。

一个平常人，突然遭受致命打击，必能重整旗鼓，因为突如其来的灾害会使他产生警戒心与激励心；但若是盛极一时的大家族逐渐衰败，就很难指望它会重新振作，因为一些墨守成规的习性已经养成，很难改变了。

度阴山曰

平常人若突然遭受致命打击，必能重整旗鼓，原因如下：第一，突然到来的打击固然会让人快速"蒙圈"，但因为刺激太强烈，反而会形成本能的应激反应；第二，对平常人来说，不满足的欲望会推动他不断前进，跌倒了也会爬起来；第三，平常人向人生高峰冲击时本就没有多少财富，正如"光脚的不怕穿鞋的"，所以只要不死，从前就没有的东西，现在更无所谓失去，于是往往会越挫越勇。

平常人很少倒在突然而来的打击下，却会困守于平淡无奇、斗志渐消的日常生活中。

大家族渐渐衰败，之所以不能复起，原因有内因和外因。

内因如下：第一，渐渐衰败如温水煮青蛙，等反应过来，为时已晚；第二，曾经风光富贵过，不可能再艰苦奋斗，既没有这个能力，也没有这个心情，因为该享受的都享受过了，宁可破罐破摔，也不愿和普通人一样奋斗；第三，大户人家衰落，是这个家族的所有人饭碗不保，而不是一个人饭碗不保，所以大家都有从众心理，认为我落魄你也落魄，凭什么我来奋斗解救你？大家都这样想，于是就都混吃等死，默默无为了。

至于外因，则往往是时代洪流的影响。抓不住时代的脉络，与大势相悖，自然就会被时代淘汰。历史上的大变革中，

消亡的家族数不胜数，远的如唐宋变革、近的有民国以降，莫不如是。

38

无论你拥有多少，最终都将归零

天地无穷期，生命则有穷期，去一日便少一日；
富贵有定数，学问则无定数，求一分便得一分。

译文

天地不会消失，可属于你的时间会消失，所以过一天就少一天；人的富贵多少可以注定，然而学问却没有封顶，学到一分就多一分。

度阴山曰

这两句话，如果正常看，会看出满满的正能量；如果颠倒顺序看，则会看到一丝悲哀：人的学问虽然没有封顶，然而时间却有限，所以你无论学到多少学问，终将会死去，全部归零。

珍惜光阴追求学问的人如此，追求富贵的人也如此。那为什么我国古人主张追求学问而不是富贵呢？因为古人认为，大富大贵需要险中求，即使小富小贵也要偶尔违背天理才能获取，所以，一个人只要和富贵沾边，那就注定了他不纯粹。而追求学问则大不同，它不需要你去做伤天害理的事，也不需要你如经营人际关系一样耗费苦心，追求学问只是你自己的事，关起门来就是一个天地，一个世界，虽然清苦，却很快乐。

当然，这一切必须建立在你心甘情愿的基础上。倘若只是因为追求不到富贵而追求学问，或者是为了追求富贵而先追求学问，那你追求学问时的心肯定不静，不静就会乱，乱就容易让人走火入魔，与其走火入魔不如一心去追逐富贵。

无论你一生追求什么，你都将死去，一切归零，所以，最好的人生方式是追逐你所爱的，别听那些流传于世的大道理。喜欢富贵就追逐富贵，喜欢学问就追求学问，二者境界没有高低之分。

39

半人半鬼，只因不能问心无愧

处事有何定凭？但求此心过得去；
立业无论大小，总要此身做得来。

译文

为人处世有什么一定的标准和凭据呢？只求当事人问心无愧；创立事业时无论从事哪一行业，最重要的是自己要有能力应付。

度阴山曰

人就是因为做不到问心无愧，所以才退而求其次来找外在

的标准和凭据，认为只要符合了这些流行于世的标准和凭据，就明白了为人处世的道理。正因如此，所以在为人处世中才有那么多虚伪的事情，把人搞成了半人半鬼。倘若每个人都能以"无愧于心"作为人生的标准和凭据，那这个世界可能真就美好得不得了了。

大部分人创业时都是单枪匹马，单枪匹马就意味着只能靠自己，只能靠自己就意味着必须有能力。可人和人所受的教育、家庭背景以及人生阅历不同，能力注定不会相同。那么，人唯一能和所有人拼的就是意志力。意志力与生俱来，它能帮助我们应付绝大多数事。所谓的有能力应付的"能力"就是意志力。

40

心平气和，真诚无欺，
为人处世的两大法宝

气性不和平，则文章事功俱无足取；
语言多娇饰，则人品心术尽属可疑。

译文

一个人在为人处世中不能心平气和，过于情绪化，那他在做学问和处世上，也没有可圈可点之处；一个人的言语如果虚伪不诚实，喜欢欺骗别人，无论他在人品或心性上伪装得多崇高，肯定令人怀疑。

人凭心而活，心乱蹦乱跳，则人可能活得很艰难。真正的活是心平气和的活，即是说，可以有情感，但不要过于情绪化。人有情感并控制情绪，就能做到心平气和。

人生在世，贵在诚。诚是真诚无欺，是什么就是什么。既不欺骗别人，更不欺骗自己。只要做到不自欺，不欺人，你的心性自然崇高，你的人品无需外扬，人人都可知道。

41

误用的聪明，不是真聪明

误用聪明，何若一生守拙；
滥交朋友，不如终日读书。

译文

一个人的聪明如果用错地方，还不如愚拙一辈子；胡乱交朋友，还不如窝在家中读书。

度阴山曰

心不正，越是聪明越糟糕；心正，纵然不聪明，也能活得很好。归根结底，大多数人活的是个起心动念。看好你的起心动念，才能看顾好你的聪明，才能看顾好你的人生。

有字书是书籍，无字书是朋友。人生财富既在有字书里，也

在无字书里，步入社会后，方感到无字书的威力无穷。因为刚入社会，大多数人还没有精准的判断力，所以容易交友不慎，一旦交友不慎，就会被带入万丈深渊。所以，如果觉得自己没有把握交到好朋友，那就不如干脆在家读书。

42

读书和做人的方式，一样

看书须放开眼孔，做人要立定脚根。

译文

读书需要放开眼界和心胸，做人要站得稳、站得直。

度阴山曰

读书分三种境界：第一种，书说什么是什么；第二种，书说什么不是什么；第三种，我就是书。大多数人处在第一种境界，这种人没什么危害，也没有让人厌恶的地方。最让人厌恶、特有危害的是处于第二种境界的人，书说什么，他非说不是什么，眼界狭窄，心胸更是逼仄。这种人在网络时代特别多，就是所谓的"杠精"。其实他们根本什么都不懂，只是为反驳而反驳。处在第三种境界的人则是先放开眼界和心胸，来者不拒，来者先不议。当读的书非常多，知道的思想体系多了后，这种人会建立自己的思想体系，从此之后，其所读的书就成了他思想体系的一部分，只有这种读书法，才叫真的读书。

做人要立定脚跟，也就是站得稳、站得直。如何站得稳和直呢？一种是靠个人品德，做一个大家眼中的好人；一种是靠事业，不过当事业失败后，也可能危如累卵；最后一种则是什么都不靠，这个世界对你而言是完全不存在的，过一种绝对封闭的生活，建构属于自己的世界。

为人要谦虚还是该谄媚？

严近乎矜，然严是正气，矜是乖气，故持身贵严，而不可矜；

谦似乎谄，然谦是虚心，谄是媚心，故处世贵谦，而不可谄。

译文

严肃看起来很像傲慢，但严肃是正直之气，傲慢却是乖僻的不良习气，所以修身律己能够严肃庄重最好，绝不能傲慢。谦虚看起来像是谄媚，然而谦虚是心中充实而不自满，谄媚却是有意迎合讨好，所以为人处世能够谦虚是很可贵的，绝不可谄媚。

度阴山曰

"严"是严肃、庄重，"矜"是矜持、摆架子，二者表现在外都是不够随和，不过庄重肯定比摆架子要好。"谦"和"谄"表现在外，都是低调、有礼，但"谦"的本质是不卑不亢，"谄"的本质是献媚于人，所以人们肯定"谦"而否定"谄"。

从美德角度讲，庄重是好的，摆架子是坏的；低调有礼是好的，谄媚是坏的。

44

有钱就变坏是想得太少

财不患其不得，患财得而不能善用其财；
禄不患其不来，患禄来而不能无愧其禄。

译文

不怕得不到财富，怕的是得到财富后却不能好好使用；不怕得不到厚禄，怕的是有了厚禄后却不能问心无愧地拥有。

度阴山曰

为什么有的人有钱之后就变坏？因为他们只想过怎样能赚到钱，却从来没想过赚到钱后怎样正确使用。

我们的错误在于本末倒置：拥有钱和使用钱，前者是末，后者才是本。在这个世界上，没有什么东西是属于你的，看似你拥有了，其实你只有使用权，没有所有权。荣华富贵，随你死亡而灰飞烟灭，权力美名也是如此。我们正确的人生方式是，好好使用钱，而不是尽力拥有钱、错误地使用钱。保持正确的"本"，才能有最好的"末"。

45

炫耀朋友，是什么心态

交朋友增体面，不如交朋友益身心；
教子弟求显荣，不如教子弟立品行。

译 文

与其通过结交朋友来为自己贴金，不如通过结交朋友来助益自己身心；与其教导后辈追求金钱权力，不如教导后辈培养良好品行。

度阴山曰

炫耀自己朋友的厉害，是人身处低位时的正常行为，但真正聪明的人从不会拿朋友的荣耀给自己贴金，他会偷偷学习朋友身上的好品质。

教导后辈不要追求金钱，必须建立在后辈已经有钱的前提下。如果后辈没有金钱基础，你却教导他不要追求金钱，那多年以后，你在他眼中一定是个固执的人。我们固然重视品德，可也应该重视物质基础。

46

君子如神一样受人尊敬

君子存心，但凭忠信，而妇孺皆敬之如神，所以君子落得为君子；

小人处世，尽设机关，而乡党皆避之若鬼，所以小人枉做了小人。

译文

道德高尚的正人君子为人处世的出发点，就是靠忠诚守信，因此连妇女、儿童都会对他极为尊重，视若神明，因此君子被称为君子名副其实；小人的处世之道，是费尽心机，耍尽手腕，使乡邻亲友都极为鄙视，想躲避他，所以小人费尽心机也是枉然，最后仍竹篮打水一场空。

度阴山曰

人人都知道君子受人尊敬，但现实中却很少有人能成为君子。君子不仅要遵守世俗的道德准则，还要克制自己过度的欲望，最后收获的却只是别人无形的尊敬。

而小人们呢？他们把那些守身如玉的君子看作不懂变通的傻子，通过各种算计取得丰厚的利益，看似获得了很多。

然而果真如此吗？南宋的文天祥舍身为国，拒不投降，死后留下"留取丹心照汗青"的美名。在千百年后的今天，他的香火依然不绝，成为了传统文化中"忠"的代名词。

而害死岳飞的秦桧在当时权倾朝野，死后却遗臭万年，至今

他的雕像还跪在岳王庙前受人唾弃。

让时间来检验君子与小人的结局，你会发现这个世界是公平的。

47

用良心管自己，也管别人

求个良心管我，留些余地处人。

译文

愿有一颗良善的心，使自己不违背它；为他人留些退路，让别人也有容身之处。

度阴山曰

真想管住自己，何必用良心，自然而然就是个善人。不想管住自己，多少良心也没有用，你完全可以昧着良心做事。世上最廉价的东西就是良心，因为谁都可以背叛它，谁都可以拿它不当回事。而世上最昂贵的东西也是良心，因为它是人的尺度，没了它或者违背它，就已不是人了。

我们常常讲"得饶人处且饶人""穷寇莫追""黄河尚有澄清日，岂可人无得运时"。这种种头头是道的话语背后是中国人特有的"极则反，满则盈"思维，它告诉我们，做任何事都不要做绝，当你做绝了，好事就会成为坏事。

"做人留一线，他日好相见"，这就是中国人特有的智慧，凡事点到为止，见好就收。适量、少许、微辣，只要够味了，差不多就行了。

48

得失心能让人谨慎

一言足以招大祸，故古人守口如瓶，惟恐其覆坠也；
一行足以玷终身，故古人饬躬若璧^①，惟恐有瑕疵也。

注释

① 饬躬若璧："饬"是治理，"躬"是自己，"饬躬若璧"意为守身如玉。

译文

一句话就能惹来大祸，所以古人言语十分谨慎，不胡乱讲话，担心招来杀身毁家的大祸；一件错事足以使一生清白的言行受到玷污，所以古人守身如玉，行事异常小心，唯恐做错事，让自己终身抱憾。

度阴山曰

我国古代的很多士大夫有时不敢仗义执言，不敢为天下先，担心现有的荣华富贵一朝失去便不再拥有。人之所以不能做出超

乎常人的伟业，在于得失心过重。得失心重，就会畏首畏尾、瞻前顾后、神经敏感，只关注自己而不关注苍生。

自处之道，就是自己说服自己

颜子①之不校，孟子之自反，是贤人处横逆之方；
子贡之无谄，原思②之坐弦，是贤人守贫穷之法。

注 释

① 颜子（前521—前490）：孔子的弟子颜回，居陋巷而粗茶淡饭，却永远保持快乐，是一个勤奋好学的人。
② 原思：孔子的弟子原宪，字子思，清净守节，安贫乐道。

译 文

遇到有人冒犯时，颜回不与人计较，孟子则自我反省，这是君子在遇到蛮横不讲理之人时的自处之道；贫贱时，子贡不去阿谀富者，子思依然弹琴自娱，二人完全不把贫困放在心上，这是君子在贫穷中仍能自守的方法。

度阴山曰

遇到某些人和事，当面不计较不难，难的是事后心中也不计较；自我反省不难，难的是反省后不要愤愤不平。"不计较""无

所谓"没关系"，并非场面话，必须是发自内心觉得没关系。

身处贫穷而无怨言不难，难的是当有不义之富贵来勾引时，仍能安于贫穷。因为贫穷而为非作歹之人极少。可一旦诱惑来了，身处贫穷的人就很难不动心了。

50

万物的价值，皆由人赏赐

观朱霞，悟其明丽；观白云，悟其卷舒；观山岳，悟其灵奇；观河海，悟其浩瀚……则俯仰间皆文章也。

对绿竹，得其虚心；对黄华，得其晚节；对松柏，得其本性；对芝兰，得其幽芳……则游览处皆师友也。

译文

观赏红色云霞，能感悟其中的明净美好；观赏白云，能感悟其中的卷舒自如；观赏山岳，能感悟其中的奇异秀丽；观赏河海，能感悟其中广博浩大的气魄……那么即便是在举手投足间的工夫也都是文章。面对绿竹，能领会它们的谦逊；面对菊花，能领会它们对晚节的重视；面对松柏，能领会它们对天性的坚持；面对芝兰，能领会它们芬芳的品格……那么即便在游览赏玩的地方也无物不是师友。

云霞的美好、白云的自如、山岳的秀丽以及河海的气魄，并不是云霞、白云、山岳以及河海的，而是观赏它们的人赋予它们的品质。谦逊、对晚节的重视、坚持、芬芳的品格，也不是绿竹、菊花、松柏和芝兰的，而是观赏它们的人赋予它们的品质。

人在这个世界上，其实只是在做一件事，就是赋予万事万物以价值。万事万物经过人赋予价值后才有了各种各样的意义，这各种各样的意义并不是万事万物的，而是我们每个人心里的。

所以，你所看见的、听见的、感受到的一切事物，在你没有为它们赋予意义前，它们毫无意义，和你也毫无关系。你无法缔造客观的万事万物，却可以通过对客观的万事万物赋予意义而缔造你认为的万事万物。

人和动物的本质区别正在于此，人能赋予万事万物价值，而动物不行。

51

何谓良策，何谓奸计？

行善济人，人遂得以安全，即在我亦为快意；
逞奸①谋事，事难必其稳便，可惜他徒自坏心。

注 释

① 逞奸：施展奸诈手段。

做好事帮助别人，别人便能够平安保全，自己也会感觉心情舒畅；施展奸诈手段图谋成事，事情难以得逞，白白使坏心做了坏事。

良策和奸计的区分标准到底是什么？古人似乎没有给出确切答案。大多数时候，良策和奸计的区分并不在计策本身上，而在使用计策的人身上。比如秦桧使用的计策，大家都认为是奸计；而岳飞的计谋，则会被认为是良策。

所以，在我国古代，把人做对了，其他就都对了，不对也对。人如果没有做对，其他就都不对，对也不对。

我们常常说"予人玫瑰，手有余香"，说的就是做好事帮助别人，别人因被帮助而高兴，你自己也特别高兴。宗教家们也说"施比受更有福"。

52

以人为镜，可以照出内心

不镜于水，而镜于人，则吉凶可鉴也；
不蹶于山，而蹶于垤①，则细微宜防也。

① 垤（dié）：小土丘。

译 文

不用水而用人当镜子，就能观察出事情的吉凶；没在山前跌倒，却在小土丘前面跌倒，所以应该防范会带来祸患的细微之事。

度阴山曰

很早以前的人是把水当镜子用的，水能照出人的外貌，却照不出内心；用人当镜子，就能照出你的内心。这是什么原理呢？因为当你评价他人时，你的心是什么样，你的评语就是什么样。你对一个人有怨恨，那个人就成了恶棍；你对一个人特别感激，那个人就成了好人。但那个人到底如何，你是不知道的。

所以，当我们以人为镜时，能看到对方的优点和缺点并无多大意义，通过对对方进行评判而知道自己的心，才是以人为镜的最大意义。

我们常常说，大风大浪都过来了，却在小河沟中翻了船。从危险性上来说，大风大浪明显高于小河沟，但也正是因为危险性大，所以行船之人更谨慎，生怕被大浪吞没；而小河沟看似不起眼，但危险暗藏，一旦失去警惕之心，往往会船毁人亡。

53

内心良知才是最高法度

凡事谨守规模，必不大错；
一生但足衣食，便称小康。

凡事只要谨慎持守一定的制度、程式，就不会出什么大错；一生只要衣食无忧，就算是小康之家了。

制度、程式可能是外在的一些规矩，比如做事的方法、生活和工作的禁忌，但更重要的是我们每个人内心的良知。所谓持守一定的制度、程式，其实就是拥有良知、肯定良知。在良知的指引下，人大致就不会做大错特错的事。

人的物质意义边界是不清晰的，因为大多数人的物质欲望永无止境。最幸福的物质意义只有一个，就是衣食无忧。注意，是基本的衣食无忧。人之所以痛苦，一是缺衣少食，二是衣食无忧后又想获得更多，于是产生痛苦。

54

你真相信吃亏是福？

十分不耐烦，乃为人之大病；
一味学吃亏，是处事之良方。

译文

对人对事不能忍受麻烦，是一个人最大的缺点；对任何事情都能抱着宁可吃亏的态度，便是处理事情最好的方法。

度阴山曰

人能成事，源于一种品质，它的名字叫"耐心"。耐得住未成名、收获前的孤独，耐得住成名后、收获后的吹捧，这种人才是做大事、成大志的人。缺少耐心，注定一事无成。

其实我们最应该搞清楚的是，为什么会吃亏。是你心中有私欲而被人趁机利用了，还是你的妇人之仁被人利用了？无论是哪种情况，问题大都出在你身上，而让你吃亏的人的问题只占了一小部分。

55

读书和行善，都有乐趣可寻

习读书之业，便当知读书之乐；
存为善之心，不必邀为善之名。

译 文

从事读书之事，就可以领略到读书的乐趣；保有行善之心，但是不必追求行善的名声。

度阴山曰

读书这件事在娱乐业不发达的古代，的确是一部分人寻找乐趣的途径之一，不过这种快乐大多是苦中作乐，因为古代的读书人都希望考取功名，世间之事就是这样，一旦掺杂了功利因素，就很难使人快乐。

你会看到我国古人常常谈读书有多少种乐趣，从来没有人谈读书有多少种痛苦，原因很简单，因为读书从某方面来说就是苦事而不是乐事。按照老子的辩证法，越是没有的东西，大家越是会宣传它。人的一生，大多数时候就在别人所宣讲的道理中苦中作乐，读书快乐的道理就是其中之一。

行善的心就是动机，只要有这个善的动机，一念发动即是行，必定能结出善果。而刻意邀为善之名，那起心动念处就错了，无异于缘木求鱼。

56

只和前一天的自己攀比

知往日所行之非，则学日进矣；
见世人可取者多，则德日进矣。

译 文

能认识到从前所犯的过错，学业即可不断进步；能够看到他人长处，德行才能日益增长。

度阴山曰

人如果想快乐，就不能和别人攀比，而只能和从前的自己比。如此一来，进步就会尤其简单，只要胜过昨天的你即可。如何胜过？发现从前所犯的错误就是胜过。

如果你实在想和他人比，那只能比道德。发现别人有道德闪光点，马上效仿；发现他人有道德瑕疵，自己立即避免。这样，人才能进步，才有可能成为道德贤人。

当然，最好什么都不要和别人比，只和前一天的自己比。和他人比，有赢有输；而和自己比，永远都稳操胜券。

57

敬值得敬的人，靠值得靠的自己

敬他人，即是敬自己；

靠自己，胜于靠他人。

译 文

尊敬他人，就是尊敬自己；倚靠自己，胜过倚靠他人。

度阴山曰

笑脸迎人，人亦回以笑脸。当我们尊敬他人时，他人会接收到我们的善意，并回以善意。只因良知本是光明的，人同此心，心同此理。

靠人、靠天、靠祖上，都不如靠自己。不是说靠人、靠天、靠祖上丢人，而是很多时候，你一旦倚靠某个对象，就很难突破那个对象的成就。若要成大功、得大富，只能倚靠自己，并超越自己。

58

江湖不是打打杀杀，而是人情世故

见人善行，多方赞成；见人过举①，多方提醒，此长者待人之道也；

闻人誉言，加意奋勉；闻人谤语，加意警惕，此君子修己之功也。

注　释

① 过举：不得当、有过失的举动。

译　文

见到他人的善行，要多去赞扬他；见到他人有过错，也要多多去提醒他，这是成年人待人处世的道理。听到他人对自己的赞美，就要加倍勤勉；听到他人毁谤自己，要更加留意自己的言行，这是有道德的人自我修养的功夫。

度阴山曰

江湖不是打打杀杀，而是通达人情世故；社会也不是物竞天择，而是同舟共济。如何做到通达人情世故和同舟共济呢？有两个办法：一是鼓励别人行善，当然，自己也要行善，如此就能创造更好的、善的生态环境；二是对一些恶，必须站出来制止，帮助他人走在善的成长之路上。

为人处世的前提是自我修养。自我修养的办法也有两条，那就是对待赞美和毁谤所持的态度。对待赞美，许多人听到后都自满而不前进；对待毁谤，许多人听到后会怒气冲冲。可对赞美和毁谤所持的态度才最见人之修养，遇赞美而不喜，遇毁谤而不怒，并偷偷地检讨自己，成长就是这么简单。

大富大贵者，不积福就积祸

奢侈足以败家，悭吝亦足以败家。奢侈之败家，犹出常情；而悭吝之败家，必遭奇祸。

庸愚足以覆事，精明亦足以覆事。庸愚之覆事，犹为小咎；而精明之覆事，必是大凶。

译 文

奢侈浪费足以败坏家业，而吝啬小气也可以败坏家业。因奢侈浪费而败坏家业，还算正常；若因为吝啬小气而败坏家业，必定遭受意想不到的灾祸。平庸愚钝足以断送事业，精明算计也能断送事业。因为平庸愚钝而败坏事业，尚且是小的过错；如果因为精明算计而败坏事业，则必定有大的凶险。

度阴山曰

败坏家业有两种方式，一种是奢侈浪费，一种是吝啬小气。奢侈浪费败坏家业，人人都能看得到，人人都能分析出。但吝啬小气败坏家业，就有点丈二和尚摸不着头脑了，原因很可能是，遭受了常人无法想象的灾难。

平庸的人能断送事业，精明的人也能。平庸的人断送事业，会细水长流，而精明的人断送事业，则是朝夕之间。所以做人做事，可以平庸一些，也不要过于精明。

60

没有是非，只有和谐

种田人，改习尘市①生涯，定为败路；
读书人，干与衙门词讼，便入下流。

注释

① 尘市：指商业活动区，这里指做生意。

译文

　　务农的人改行做生意，一定会失败；读书人若是成了专门替别人打官司的人，品格就不入流了。

度阴山曰

　　我国古代统治者提倡重农抑商。商人经商，是等价交换。等价交换说明，买卖双方都是平等的，但想通过财富挑战中国古代等级制度是为大众不耻的。所以，中国古代统治阶级为了维护等级制，就抑制商业发展。于是就有了农民改行经商就一定失败的说法。

　　我国古代的读书人读书不是为了搞清是非，而是为了达成社会的和谐。替别人打官司就要争出个是非来，所以在传统社会，这被认为是不入流的表现。

61

比上不足，比下有余

常思某人境界不及我，某人命运不及我，则可以自足矣；
常思某人德业胜于我，某人学问胜于我，则可以自惭矣。

译文

经常想某人的境遇不如自己，某人的命运比不上自己，就特别满足了；经常想某人品德胜过自己，某人学问也胜过自己，内心就非常惭愧了。

度阴山曰

我国传统思想中的"比上不足，比下有余"论可以让人活得非常舒服。比如，自己一天只能吃一顿饱饭，正要抱怨时，忽然看到有人只能吃树根，于是立刻满足地去啃窝窝头了，这就叫"比下有余"。

再比如，感觉自己的品德和学问很不错，可忽然想到有人比自己的品德、学问要强，就特别惭愧。惭愧之后立即修德，获取学问，这就叫"比上不足"。

如果仔细观察就会发现，我国传统思想始终让你在精神方面要比上，而在物质方面要比下。

62

没有舍就没有得

读《论语》公子荆①一章，富者可以为法；读《论语》齐景公②一章，贫者可以自兴。

舍不得钱，不能为义士；舍不得命，不能为忠臣。

注释

① 《论语》公子荆，出自《论语·子路》："子谓卫公子荆：善居室。始有，曰：'苟合矣。'少有，曰：'苟完矣。'富有，曰：'苟美矣。'"

② 《论语》齐景公，出自《论语·季氏》："齐景公有马千驷，死之日，民无德而称焉。伯夷、叔齐饿于首阳之下，民到于今称之。"

译文

读《论语》公子荆那章可知，富人可以效仿公子荆对待财富的态度；读《论语》齐景公那章可知，穷人可以从伯夷、叔齐对待穷困的态度中得到启发。吝啬钱财的人，不能成为义士；无法舍生取义的人，不能成为忠臣。

度阴山曰

义士都是仗义疏财、可为真朋友两肋插刀的人，他们活着时被称为义士，而忠臣则是勇于舍生取义的人。无论是义士还是忠臣，我们都会发现他们的共同点是豪爽，既舍得钱又舍得命。俗

话说，"舍不得孩子套不住狼"，要成就美名，必须舍得身外和身内之物。没有舍就没有得，这是天下大多数人都要遵循的正理。

无论贫富，都应该有个对待财富的态度。比如我富，也不能做守财奴；我穷，也不能为五斗米折腰。看看那些做义士、忠臣的人，哪个不是先看破了财富观、名利观，才能成为义士、忠臣？

富贵后，要谨慎

富贵易生祸端，必忠厚谦恭，才无大患；
衣禄原有定数，必节俭简省，乃可久延。

译文

大富贵后容易滋生灾祸，一定要忠诚厚道谦逊恭敬，才能不出现大的祸患；衣食俸禄本有定数，只有切实简朴节约，才能够延续持久。

度阴山曰

大多数人都以富贵为荣耀，古人却认为富贵是危险。这种思想源于我国古代的农耕社会生产力低下导致的普遍贫穷，在群体本位之下，大家都受穷，大家都开心。一旦有人成了暴发户，嫉妒、陷害、攻击全部涌来。此时，富贵的人必须夹起尾巴做人，否则灾难就在不远的前方。

贫穷不是荣耀，永远都不是。如果一种社会把它当成荣耀，那这个社会就是有问题的。一旦把贫穷当成荣耀，仇富就开始了，富裕的人不但不开心，反而心惊胆战。其实，没有必要心惊胆战。只有一种富裕需要心惊胆战，那就是不义之富。

64

古人的善恶观

作善降祥，不善降殃，可见尘世之间已分天堂地狱；
人同此心，心同此理，可知庸愚之辈不隔圣域贤关。

译文

做好事就有福气降临，做坏事就会招来灾祸，由此可知，人间已有天堂和地狱；所有人的心是相同的，心中道理也是相同的，由此可知，被认为是愚笨平庸的人和圣贤的境界并不绝缘。

度阴山曰

古代传统的善恶观认为，做好事一定会有回报，做坏事一定会招来灾祸。这种报应不仅仅会应验在来世，更可能应验在现世，这就是所谓的"现世报"。随之产生了相应的老话："人在做，天在看。"

后半句中"人同此心，心同此理"，有典型的心学思想痕

迹，与王阳明的"良知""人人皆可为圣贤"的理念是高度统一的。

65

聪明和自以为聪明有本质区别

和平处事，勿矫俗以为高；

正直居心，勿设机以为智。

译文

为人处世要心平气和，不可故意违背习俗，自命清高；平日存心要公正刚直，不要设计机巧，自以为聪明。

度阴山曰

为人处世当然不能像西班牙公牛那样，见谁顶谁；也不能像锤子，看谁都像是钉子。一种习俗如果存在并流行，那它就不是一个人在战斗，它的背后有无数人支持它。所以，你和习俗作对，就是在和一大群人作对。

违背习俗并不是勇气，习俗是人们在生存过程中直观感受到的有利于自己的习惯，你挑战他人的习惯，无异于在挑战他人的人生，怎么做，都是错。

人聪明是优点，但自以为聪明就是致命的缺点。

66

儒家大车的两个轮子：名分和义务

君子以名教①为乐，岂如嵇阮之逾闲；
圣人以悲悯为心，不取沮溺之忘世。

注 释

① 名教：以正名定分为核心的礼教，也说儒教。

译 文

君子把遵儒家名教当作乐事，怎能如嵇康、阮籍那样放荡悠闲超出了法度；圣人把悲悯作为本心，不能像长沮、桀溺那样做了隐士而忘掉自己在世间的责任。

度阴山曰

嵇康、阮籍以放浪形骸闻名；长沮、桀溺以隐居山林、不问世事闻名。这恰好都是进取的儒家思想不能接受的。

这两句话告诉了我们两个重要信息：第一，儒家特别重视身份地位（名分），他们区别人的标准就是有无名分；第二，儒家要求每个人都要尽家庭和社会的义务，但没有说应该享有哪些权利，于是，我国古人都成了任劳任怨、不求回报只求耕耘的人。

嵇康、阮籍、长沮、桀溺这四人在古代儒家人眼中注定要被批判，但其离经叛道之行径，在今人看来恰好是人性的解放。

67

人的本能就是趋利

纵子孙偷安，其后必至耽酒色而败门庭；

教子孙谋利，其后必至争赀财^①而伤骨肉。

注 释

① 赀（zī）财：财货。

译 文

　　放纵子孙只图眼前的逸乐，子孙以后一定会沉迷于酒色，败坏门风；专门教子孙谋求利益，子孙必定会因争夺财产而彼此伤害。

度阴山曰

　　放纵子孙只图眼前逸乐的家长，大多数是无心放纵，很少有意的。所谓无心放纵，是没有时间管教子孙，或者是管教方式有很大的问题，如此，子孙才会沉迷酒色，败坏门风。

　　在专门教子孙谋求利益的家长的长期耳濡目染下，子孙渐渐就会变成唯利是图的小人。

最阴森的一句话：多年的媳妇熬成婆

谨守父兄教诲，沉实谦恭，便是醇潜子弟；
不改祖宗成法，忠厚勤俭，定为悠久人家。

译文

能严守父兄教诲，稳重谦逊，就是纯朴子弟；不改变祖宗定下的规则，忠厚勤俭，必定能成为持久兴盛的人家。

度阴山曰

什么是好子弟？第一，听话，听父亲的话，听兄长的话；第二，循规蹈矩，不能有任何改变祖宗成法的行为，祖宗定下什么就是什么，遵循祖宗的路线一生不动摇；第三，尽你该尽的义务，作为儿子你要孝顺父亲，作为弟弟你要尊敬兄长。但你在父兄那里有没有权利呢？没有。

在我国古代，你的权利必须在另外的伦理关系中寻找，比如你结婚了，你就对你妻子有权利；如果你有了儿子，你就对你儿子有权利。当时人的权利和义务是分裂的，它不针对一个人，不在一种关系中全部实现，而是分裂成两部分，各自实现。

这就导致了古代中国人在这方面的极端。当他对某个对象尽义务却没有权利时，他愤懑；当他对某个对象行使权利时，他就会把怒气撒到向他尽义务的人身上。我们常常听到的"奴使奴，使死奴"就是对这种现象的陈述，这句话虽然可怕，但并不阴森。真正阴森的话是"多年的媳妇熬成婆"。请闭上你的眼睛，

仔细琢磨这句话，各种阴森恐怖的画面就会一幕幕上演。

69

万物之理，由心赋予

莲朝开而暮合，至不能合，则将落矣，富贵而无收敛意者，尚其鉴之；

草春荣而冬枯，至于极枯，则又生矣，困穷而有振兴志者，亦如是也。

译文

莲花早上盛开傍晚就闭合，当不再闭合时，就要凋谢了，那些非常富贵却不约束身心的人，希望他们能从莲花开落的道理中得到启发。草木在春天茂盛而到了冬天就会枯萎，枯萎到终极又会重生，那些家境穷困却有振兴家族志向的人，也一样可以借鉴草木枯荣的道理。

度阴山曰

这是一种典型的天人合一思想：自然界（天）的事物可以和人的命运并肩前行，双方遵循同一种法则。

莲花开后不合就是要凋谢了，富人如果不注意自我管理就如同莲花开后不合一样，也要玩儿完。草木茂盛之后会枯萎，枯萎之后又卷土重来而茂盛，有振兴家族志向的穷人如果能知道穷到极限就会富的道理，就有信心振兴家业。

这种理论的对错不在理论本身，而在你的心。你相信它，它就是对的；你不信它，它就是错的。我国古人从自然界中领悟出的道理，往往带着强烈的个人色彩。其实并不是自然界的事物本身蕴含这个道理，而是我们人类赋予它们的。

70

汉字本身就是思想

伐字从戈，矜字从矛，自伐自矜者，可为大戒；

仁字从人，义字从我，讲仁讲义者，不必远求。

译文

"伐"字中有"戈"，"矜"字中有"矛"，自负自夸的人，要想到自己的行为中有锋利的兵器，应引以为戒；"仁"字中有"人"，"义（義）"字中有"我"，讲求仁义的人，只需要在自己和身边的人身上探求就可以了。

度阴山曰

我国的汉字独步天下，它既是书写思想的符号，本身也蕴含着思想。每个汉字都是一种思想、一段故事，而且逻辑自洽，让你心服口服。

若要研究我国传统文化，必须从汉字开始。如果你懂得了汉

字，也就懂得了我国传统文化。虽然汉字是碎片，却是最重要的碎片，拼凑在一起，就能成为我国传统文化的一张蓝图。

仅以"仁义"二字而言，"仁"是"二人"，说明仁是人际关系（两人）中最重要的品质，也是处理人际关系的法宝。两个人怎样相处，肯定要用爱，孔子说"仁者爱人"，就是这个道理。爱人是亲亲，"二"有分别，是等级，所以是"尊尊"。亲亲属于血缘崇拜，尊尊属于名分崇拜，这是孔门大车最重要的两个轮子。

你瞧，一个"仁"字，四笔而已，就完美地解析了儒家最重要的思想，这就是汉字的魔力。

71

寒门培养读书人，是赔本买卖

家纵贫寒，也须留读书种子；
人虽富贵，不可忘稼穑艰辛。

译文

即使家徒四壁，也尽量要让后代读书，哪怕只能允许一个人读；纵然大富大贵，也不要让子弟忘了耕种的艰辛。

度阴山曰

在我国古代，"寒门出贵子"近乎神话。对于古代参加科举的人而言，读书是一场残酷的人生考验，十年寒窗无人问。若要通过层层选拔，必须把十几年甚至几十年的时间都用在读书上，寒门子弟的家庭要供养一个读书人，千难万难。

大富大贵后不可忘记耕种之辛苦，这是句呓语。在我国古代，靠耕种而大富大贵的人几乎没有。

72

风吹幡动，大家都动

俭可养廉，觉茅舍竹篱，自饶清趣；
静能生悟，即鸟啼花落，都是化机。
一生快活皆庸福，万种艰辛出伟人。

译 文

勤俭能培养人的廉洁品性，它能让人即使身处茅屋竹篱，也能感受到清雅的情趣；平心静气能生发人的悟性，它可以让简单的鸟啼花落蕴藏起造化的奥秘。一生过得幸福只是平庸的人的福气，千万种艰辛的磨难才是铸就伟人的方式。

度阴山曰

是心随境转，还是境随心转？古人常常为此争论个面红耳赤。主张心随境转的人是唯物主义者，认定环境可以改变人，包括人的情绪；主张境随心转的人是唯心主义者，认定心能改变客

观环境，自然也就能改变人的情绪。

其实无论是谁被谁转，谁能转谁，都没有回避一件事：人的心不能独立存在，它必须和客观环境接触。如果不接触，那心则失去了它的真正意义。

人与自然不可分割。人固然不会回到大自然做野人，但人可以享受大自然，当人享受大自然时就是心随境转，而当人不想享受大自然，要享受红尘社会时，就是境随心转，因为社会秩序全由人建立，人可以转社会，却不能转先天而来的自然。

有个故事说，风吹幡动，大和尚说是幡动，小和尚说是风动，老和尚说是心动。专家认为老和尚境界最高，其实三人的境界一样。

大和尚看到的是事物，小和尚看到的是事物背后的规律，老和尚看到的是人的意识，大家都看到了动，即是说，每个人的心都动了。

境界没有高低之分，因为凡是起了境界，就意味着心都动了，所有的心动都是一样的。有高低之分的是，心为什么而动。有人为功名，有人为名节，有人为爱，还有人为一切。

享多大的荣耀就要经受多大的磨难，这是人生定理。当你选择享乐时，就意味着选择成为平庸的人；当你选择磨难时，才有可能成为伟人。人的痛苦就在于，既想做伟人又想要享乐，结果发现二者是水火不容的。

每个人都有选择成为什么样的人的权利。重要的是，你要对你的选择负责。它表现在：选择享乐和选择磨难，如同赌博，买定离手，不可悔改。不能选择享乐后而又想受万人追捧，也不能选择磨难后又想得人间极乐，这都是严重的错位、分裂。

你唯一拥有的就是选择权，但这就足够了。

73

态度决定一切

济世虽乏赀财，而存心方便，即称长者；
生资虽少智慧，而虑事精详，即是能人。

虽然没有金钱、财货帮助世人，但只要处处给人方便，便可称是有德的长者；虽然天生资质不够，但考虑事情能处处清楚详细，就可称为能干的人。

中国人常讲，与人方便就是与己方便，这有些功利了。其实人生在世，行善方式不胜枚举，其中处处给人方便就是所有人都能做到的。能做到的事就去做，就是圣贤，就是有道德的人。

大多数人的资质都相差无几，然而为何有人做事就靠谱，有人做事就让人不放心？主要原因就是做事时的态度。态度认真，万事可成；态度马虎，资质再高也没用。

人与人比拼，最后拼的就是虑事精详的态度。说得再直白一些，人生就是拼态度，态度决定一切。

74

独居时要学会给自己打气

一室闲居，必常怀振卓^①心，才有生气；
同人聚处，须多说切直话，方见古风。

注 释

① 振卓：振兴、奋发。

译 文

独居一室时，必常怀振兴、奋发的心志，才富有生机活力；当和别人相聚时，需要多说正直恳切的话，才能体现古代贤人所具备的风范。

度阴山曰

人的勇气、志气和奋发的昂扬斗志，绝非别人所能给予，必须靠自己才能获得。所以，一个人时必须给自己打气。倘若独自一人时还唉声叹气，那就失去了生机活力，如同枯木一根。和他人在一起时，不要讥讽他人、炫耀自己，而是多说正直恳切的话勉励他人，这当然也是在勉励自己。

75

周公、颜回不可取

观周公之不骄不吝，有才何可自矜；
观颜子之若无若虚，为学岂容自足。
门户之衰，总由于子孙之骄惰；
风俗之坏，多起于富贵之奢淫。

译 文

周公不因自己的才德，而对他人有骄傲和鄙吝的心，有才能的人，哪里可以自以为自己了不起呢？颜渊是孔子的得意门生，他却"有才若无，有德若虚"，不断虚心学习，求学问哪里可以随意就满足呢？一个家族的衰败，常因为子孙的骄傲懒惰；而社会风俗的败坏，多是由于众人的奢侈淫靡。

度阴山曰

颜渊即颜回，周公和颜回是我国古代知识分子心中的榜样，常常被放在一起比对。意味深长的是，像周公这样创造了礼乐制度的人，仍然谦逊待人，留下"一沐三捉发，一饭三吐哺，起以待士"的典故。那么，你没有周公这样的才德，是不是更应该谦逊待人？

而颜回和周公的作用差不多，颜回是让中国人吃苦耐劳，甚至在大苦中作乐的人。两个人，在中国道德史上活了几千年，中国人一直把他们当成超级偶像，始终不离不弃地崇拜。

败坏一个家族，只需要子孙的骄傲懈怠即可；败坏社会风

俗，则需要绝大多数人奢侈淫靡。听上去，似乎败坏一个家族要比败坏社会风俗容易得多。其实，败坏一个家族容易，但败坏社会风俗更容易。

富贵人家的子孙败坏家族时，身边或许还有清醒的人提点。但当大多数人败坏社会风俗时，是没有人拉的。因为社会不是自己家，各人自扫门前雪，不管他人瓦上霜。所以，当大家都在烂污的社会风俗中堕落搅乱它时，是没有人主动站出来拉社会风俗一把的。

为什么形成良好的社会风俗难，而形成恶劣的社会风俗容易呢？因为社会风俗是由大多数人的习惯共同形成，人学好难，学坏容易，所以养成恶习几乎水到渠成。而人人都好易恶难，奢侈浮华是很多人喜欢的，这些人都去做了，坏的社会风俗也就形成了。

76

极端忠孝很可怕

孝子忠臣，是天地正气所钟，鬼神亦为之呵护；
圣经贤传，乃古今命脉所系，人物悉赖以裁成。

译文

孝子与忠臣，都是天地间的浩然正气凝聚而成，所以连鬼神都会对他们爱惜保护；圣贤的经典，是古今维系社会人伦的命脉，所有的孝子贤孙、志士仁人，都是靠读圣贤书和效法圣贤的行为，而成为伟大人物的。

度阴山曰

中国人的血缘崇拜导致家国一体，在小家做孝子，在国家做忠臣，看似是两种美德，其实是一种道德。于是忠孝成为我国古代人的金箍，无论在家还是在朝堂，这个金箍永远都在工作，使人必须成忠臣、孝子。于是诞生了像"卧冰求鲤""郭巨埋儿"这样可怕的故事。

本来，忠孝只是普通人的一种品质，你不大声嚷嚷，别人也知道孝顺父母，忠于领导。但儒家却非把它搞得极端正规、严肃不可，于是忠孝就不仅仅是美德，而成了"天理"。人只要遵循这个天理，就是浩然正气凝结成的人，鬼神都要保护，这比巫术还邪门，恐怕神话故事都不敢这么写。

有人总把小事搞得震天响，而且美化为永恒的大道。

崇拜血缘就是崇拜上一辈，即崇拜祖先，没有他们就没有你。崇拜自己的祖先的同时又崇拜别人的祖先，最后再崇拜被大多数人推举出来的祖先（圣贤），于是，这些圣贤的书籍就成了不容置疑的经典。

77

说和做是两个世界的两种技巧

饱暖人所共羡。然使享一生饱暖，而气昏志惰，岂足

有为？

饥寒人所不甘。然必带几分饥寒，则神紧骨坚，乃能任事。

译文

吃饱穿暖是大家共同羡慕的，但如果一生都在饱暖中享受，就会变得昏沉怠惰，又怎能有大作为呢？饥寒交迫是大家所厌恶的，但只有经历几分饥寒的生活环境，人们才会清醒坚毅，然后才能担当大事。

度阴山曰

如果可以吃饱穿暖，对大多数人而言，就是人生最大的作为，还要什么其他作为？其实中国人的人生理想很简单：老婆孩子热炕头，一日三餐一头牛。如果还想要更大的作为，那就是贪心。

人人都讨厌饥寒交迫，为了有大作为而身陷饥寒交迫中，这不是大多数人的念头。由此我们可以知道，有些大道理，只在纸上阅读时让人热血沸腾，若要拿到现实中，大家都心灰意冷。

因为书本和现实，属于两个世界。能让两个世界融合在一起的人很少，绝大多数人都是读书时精神亢奋，现实中萎靡不振。这是普遍的，如果每个人都能把书本世界和现实世界完美结合，那世界上就全是圣贤了。

78

鸡汤为什么不灵?

愁烦中具潇洒襟怀，满抱皆春风和气；
暗昧处见光明世界，此心即白日青天。

译 文

在忧愁和烦恼中能具备潇洒大度的胸襟，心里就会有舒和温暖的春风荡漾；在昏暗不明的境遇中如果能看到光明世界，心里就像被阳光普照的天地般明亮。

度阴山曰

有种鸡汤叫"如果你改变不了现实，那就改变自己对现实的态度"。举例而言，有些事令你忧愁和烦恼，你不能一直忧愁和烦恼下去，可你又改变不了那些让你忧愁和烦恼的事，于是你选择改变自己，拿出潇洒大度的胸襟，驱赶忧愁、烦恼。

最后你兴奋地发现，忧愁、烦恼真的不见了。但是，那件棘手的事仍然在！这就是鸡汤的问题所在：它帮你解决了你的负面情绪，却永远不能帮你解决事情。

我们必须让鸡汤滚蛋，甚至都不要接触鸡汤。根本原因是，你喝掉多少鸡汤都无济于事，只有济于你的情绪。但情绪好没有用，你看阿Q天天情绪都非常好。可负面情绪其实并没有消失，产生它的根，也就是那件让你烦恼的事仍在。你稍微走神，负面情绪又会卷土重来。唯一能彻底消灭它的办法，就是解决那件事。

79

现实是残酷的，学会面对它

势利人装腔作调，都只在体面上铺张，可知其百为皆假；
虚浮人指东画西，全不向身心内打算，定卜其一事无成。

译文

势利小人总是装腔作势，沾沾自喜于浅薄的表演，其实他们的行为都是虚伪的；浮夸的人常常对某事指手画脚，全然不反思自己的内心，可以料定他们不能成就任何事。

度阴山曰

装腔作势的人，往往都是虚伪不堪的人；指手画脚的人，往往都是纸老虎，这是人所共知的事实。不过，这也只是从理论上说的。现实中，那些装腔作势的人往往混得要比老实巴交的人好，指手画脚的人还真能成就一些事，反而是那些埋头苦干的人，其功劳总会被别人抢走。

在地球上，我们看似生活在同一个世界，但其实是两个世界。一个是我们的理念世界，在这个世界中，善恶清晰明白，势利小人会被认定为虚伪而受人唾弃，浮夸的人会不受人待见，郁郁而终；而在另外一个世界，即我们身处的世界，善恶总在一念之间。

80

减少嫉妒别人的办法是努力奋斗

不忮不求①，可想见光明境界；
勿忘勿助②，是形容涵养功夫。

注 释

① 不忮（zhì）不求：不嫉妒、不贪求。
② 出自《孟子》："必有事焉而勿正，心勿忘，勿助长也。""忘"就是忘记、忽略；"助"就是帮助生长，即揠苗助长的意思。此处指的是在修养中不可忘记积聚起来的正面力量，也不能为了快而揠苗助长。

译 文

看到别人的成就不嫉妒、不贪求，就能到达光明无私的境界；在修养中不忘道义，也不急于求成，才是一个人积蓄内涵的功夫。

度阴山曰

看到别人，特别是当这个"别人"是你身边的人，比如朋友、邻居，能做到不嫉妒、不贪求，恐怕比登天还难。人是一种善嫉妒、贪求的动物。所以，每个人都很难进入光明无私的境界，大部分时间都活在嫉妒、贪求的黑暗地狱中。

减少嫉妒、贪求的唯一办法不是掩起耳朵，而是努力奋斗，让自己成为别人嫉妒的人，只有这样才能有效减少你对他人的嫉

炉、贪求。

良好修养的养成不是脚踩风火轮猛追，也不能靠三天打鱼，两天晒网，而是持之以恒、不紧不慢地做起来。修养需要慢工，只有慢工才能出细活，也只有慢工才能让你不生焦急心、懈怠心，这本身就是最好的修养了。

81

天命胜人运

数虽有定，而君子但求其理，理既得，数亦难违；
变固宜防，而君子但守其常，常无失，变亦能御。

译文

人的运数虽被注定，但君子做事只要求合乎事理，既然按事理行事，那么就不会与运数相冲突；变化固然应提前防备，但君子只要遵守事物发展规律，不违背规律，任何变化都能应付。

度阴山曰

我国古代的术数之学认为，天地万物都有一定的数。这个数是提前注定的，术数之学则是让人了解这些注定的数，比如人能有多少寿命，人生中能遇到什么好事、什么坏事。

可无论推算的结果多么权威，仍然抵抗不了一件事，那就是事理。当你的所作所为都符合事物的客观规律时，事情一定会以最顺利的方式进行。这就是天命胜人运的真意。

82

道德能解释全部问题

和为祥气，骄为衰气，相人者不难以一望而知；
善是吉星，恶是凶星，推命者岂必因五行而定？

【译 文】

　　和善是吉祥的预兆，骄横则是衰败的预兆，给人看相的人一
看就知晓；人行善就会吉星高照，而行恶则会祸不单行，给人推
算命运的人根本不必按五行规律来断定。

【度阴山曰】

　　什么是整体思维？就是把整个世界都当成一个有机体，人和
狗尿苔（菌类植物）能互相感应联系，所以人类世界的一些标准
和狗尿苔世界的一些标准可以相同、相通。比如观星，这本是天
文学的领域，可古人非将它拉入社会学中来，用社会中善恶的道
德标准来解释星象变化，以"只要行善就能得善报，行恶就有恶
报"来取代观星的技巧。

　　这种思路，好似得了神经官能症，身上有股顽皮的气到处乱
窜，窜到哪里，哪里就疼，但它能到处窜。这个气就是道德。

　　古人不但用道德衡量人类社会，还用它衡量大自然；不但用

道德衡量人际交往，还用道德衡量政治、经济、战争、文章、建筑等你所能知道的全部领域，这就是道德中国。

政治是黑暗的，但我国却有"仁政"的说法；帝王本身是难用道德约束的，但我国却有"圣君"的称谓；战场是无善无恶的，打赢了就是善，但我国却有"仁义之师"的说法。这就是将道德渗入各个领域，用道德来指挥一切。

83

对任何人而言，节俭都是美德

人生不可安闲，有恒业，才足收放心[①]；
日用必须简省，杜奢端，即以昭俭德。

注释

① 收放心：语出《孟子》："学问之道无他，求其放心而已矣。"指收回放任的心思和念头。

译文

人生在世不能只图闲适安逸，有了稳定的产业，才能够收敛放任的心思；生活花费必须节俭，杜绝奢侈的苗头，简朴的美德也就出现了。

圣人说，有固定产业的人，才有安居乐业的愿望。而如何实现这样的愿望，需要具备各种美德，在这些美德中，不奢侈、节俭是重中之重。

养成节俭的美德，可以让人清心寡欲，没有非分之想，可以让人在清淡的生活环境中，享受淡淡的心境，这样，对物质的欲望会转化成对精神的渴求。人，其实是追求物质欲望和精神生活这两种东西的，如果物质基本满足，精神生活通过节俭而获得，那就是一箭双雕。

84

如何形成强大的气场

成大事功，全仗着秤心斗胆[①]；
有真气节，才算得铁面铜头[②]。

注释

① 秤心斗胆：秤心，心无偏私，公平如秤；斗胆，斗的口很大，形容大胆。

② 铁面铜头：脸如铁一样刚直，头像铜一样坚硬，比喻不畏权势，公正无私。

能成就大事业、立下大功劳的人，全都有无私的精神和巨大的胆量；真正的气节，是公正严明，不畏权势。

度阴山曰

无私胆大的人，既把人当人看，又不把人当人看。把人当人看，是他所做的一切都是为了大多数人过上好日子；不把人当人看，是他在实现这一理想的路上可以牺牲任何人，有可能还包括他自己。把人当人看是因为他有无私的精神，不把人当人看是因为他的胆大包天。

中国人最喜欢讲气节。所谓气节，是建立在"气一元论"基础上的。此理论认为，宇宙由气构成，人当然也如此。人既然由气构成，那人就无时无刻不在散发着气。有人的气臭不可闻，有人的气则沁人心脾，而有人的气则如铜墙铁壁，或如尖刀利剑，让人不敢亵玩。常有人说，某人气场很强大，这气场就是由气节形成的。

人如何能形成这种气场呢？靠打打杀杀当然也可以，但你也很容易死在打打杀杀中。最有效、安全的办法是做人做事公正严明，不畏权势。如此，就能形成伟大的气节和高能量的气场。

85

自我反省一定能解决问题吗？

但^①责己，不责人，此远怨之道也；

但信己，不信人，此取败之由也。

注释

① 但：只。

译文

只反省自己而不责备他人，这是远离埋怨的办法；只相信自己而不相信他人，这是失败的根由。

度阴山曰

和他人产生矛盾时，在"反省自己"和"指责他人"之间，古人选择反省自己。在他们的意识中，所有的事情出现问题，问题一定在自己身上，只要搞定自己，就搞定了事情。如果指责他人，就会忽略问题所在，不但无法解决问题，而且还得罪了他人，竹篮打水一场空，又累又空。

为什么遇到问题先反省自己？有两个依据：第一，古人相信万物一体，既然万物是一体的，任何一物（事情、他人）出现问题，由于我也在一体中，所以我去找他人的问题和找自己的问题，是一回事；而找自己的问题，会省却很多麻烦，提高效率。第二，心外无物，我们心外没有任何事和物，如果发生了不好的事和出现了不好的物，它们也都在我们心内，不在我们心外。所以，我们只需要在心内找问题即可，不必去心外的事物上找寻。

这种遇事内省的思路到底对不对呢？你如果认为它对，就必须相信万物一体和心外无物，如果你不相信万物一体和心外无物，那它就是错的。

所以，根据古人的观点，根本就没有绝对正确或绝对错误

的理论，所有的理论都必须建立在你相信的前提下。即是说，一种理论是对是错，不在理论，而在于你的心，即你的相信或者不相信。

反省自己，不是让你非要找到自己的问题，有些时候，自己根本没有问题，而是客观问题。

有很多客观问题，不是我们通过自我反省能解决的。自我反省可以解决的问题只有一个：遇到问题时，如果自我反省，人就会在情绪上平稳、冷静下来；倘若去指责他人，那你的情绪会干扰你的判断。所以，孟子说"反求诸己"，曾子一日三省，都是为了先控制情绪，然后来理智地分析问题。

只相信自己而不相信他人，是失败的根由，这话显然失之偏颇。伟大的人向来都是相信自己的，只不过这是建立在他人意见基础上的。所以，真正的相信自己，是相信自己有判断别人意见对错的能力，而不是拒绝别人的意见。

86

外圆内方

无执滞心，才是通方士；
有做作气，便非本色人。

译文

不固执、不偏执，才是外圆内方的人；特别做作的人，就不

是内外如一的人。

外圆内方是古人做人最高境界的追求，内方是内心有谱，坚守价值观，外圆则是通过各种圆润的手段实现价值观。所以，内心坚定，手段圆滑，不固执于心外的某件事，这就是外圆内方。

然而，这只是一种理想。倘若外圆内方，就难免身心不一、内外不一，知行合一才是完美人格。

虚伪的人必做作，做作的人必虚伪，二者是狼狈为奸的关系。遇到虚伪、做作、矫情的人，就可以用"外圆内方"的方式对付他。明知他虚伪，却不要说；明知道他矫情，更不要说。这可能就是人际关系中的"外圆内方"策略吧。

87

有形之身成就无形美名

耳目口鼻，皆无知识之辈，全靠着心作主人；
身体发肤，总有毁坏之时，要留个名称后世。

译文

眼睛、耳朵、嘴巴和鼻子，都是不能思考的器官，要仰仗心（头脑）来替它们做主；身体、四肢、毛发和肌肤，总有腐坏时，只有好名声才能留给后世。

　　耳、目、口、鼻全靠心（大脑）来指挥，才能发挥它们真正的作用，这说明，我们用五官去和外物接触时，倘若不用心，那就是视而不见、听而不闻、口无遮拦。只有用心去做事，才能把事做明白。所以，人做事的关键都在用心上。

　　身体发肤会毁灭，名声则不会，可见有形之物没有无形之物长久。阴阳学说认为，既然有形就注定会无形，倒不如无形最好。然而名声不是凭空飞来，而是需要我们的有形之身拼命奋斗，才能留下无形的美名。

88

能成大事的人，也要拘小节

有生资，不加学力，气质究难化也；
慎大德，不矜细行，形迹终可疑也。

译文

　　一个人天赋再高，如果不能努力学习，脾气性情也难以发生改善；一个人只在重大德行方面谨慎，却不注意言谈举止的细节，终让人对他的言行不能信任。

度阴山曰

　　天赋只是让你比别人更容易成功，但绝无法保证你一定成功，若想成功，还是要靠后天努力。大事不糊涂，小事大糊涂，也会让人对你产生怀疑。不过，大事不糊涂、小节总出格的人，只会让俗人产生怀疑。对于那些真正的大人物，他们能一眼看到不拘小节做大事的人。

问题就在这里，即使你是条神龙，还未腾飞时所接触的也都以虫为主，在虫的眼中，你的不拘小节、马马虎虎就是致命缺陷。所以，在俗人面前，还是尽量注意细节；而在大人物面前，就没有这个必要了。

人的有些痛苦，恰好就来自这里。

89

面对世俗，我们如何选择？

世风之狡诈多端，到底忠厚人颠扑不破；
末俗以繁华相尚，终觉冷淡处趣味弥长。

译文

虽然世俗的风气以狡猾欺诈为主，但忠厚的人依然忠厚老实，不随风而变；近世风俗愈来愈崇尚奢侈浮华，但还是安静平淡的日子，更耐人寻味。

度阴山曰

《楚辞》中有这样一个故事，体现出面对世俗的两种态度。

可以与此段文字对照着看。

屈原遭到了放逐，满脸憔悴地在江边走着，遇到了一个渔夫。

渔夫认出他后，问道："您不是三闾大夫吗？怎么落到这步田地？"

屈原说："天下浑浊不堪，只有我不同流合污，世人都迷醉了，唯独我清醒，因此被放逐。"

渔父说："既然世上的人都肮脏，何不搅浑泥水扬起浊波；大家都迷醉了，何不既吃酒糟又大喝其酒？为什么想那么多又自命清高，以致于落了个被放逐的下场呢？"

屈原说："我听说：'洗完头一定要弹弹帽子，洗完澡一定要抖抖衣服。'清白的身体怎么能被世俗尘埃污染呢？我宁愿跳到湘江里，葬身在江鱼腹中。怎么能让清白之躯，蒙上世俗的尘埃呢？"

渔父听了，微微一笑，摇起船桨动身离去。唱道："沧浪之水清又清啊，可以用来洗我的帽缨；沧浪之水浊又浊啊，可以用来洗我的脚。"便远去了，不再同屈原说话。

面对世俗的污浊，我们既可以如屈原那样与之对抗，也可以与渔夫那样与世浮沉。选择权在你手中，任君自选。

90

缘分靠自己修

能结交直道朋友，其人必有令名；

肯亲近耆德老成，其家必多善事。

译 文

　　能结交到正直朋友的人，一定享有美好名声；肯亲近有德老成的人，他家一定常有好事。

度阴山曰

　　正直就是美好名声的一种，正直的人会不由自主地被拥有美好名声的人吸引，最终双方很容易走到一起。传说当初女娲造人时，最先是用手捏泥人，后来则是用藤条蘸了泥水，甩出泥人，两种泥人当然不会喜欢对方，一个是纯手工制作，另一个则是流水线产品，大家都能闻到对方身上不同的气味。于是，世界上就产生了君子和小人。君子结交君子，小人结交小人，大家都活得不错。

　　有德老成的人，其实很闷的，很少有人喜欢和很闷的人在一起，不过只要能和这种人在一起，就足以说明了他不是个坏人，老天爷让他们相遇，都是互相修满了缘分。有缘者，千里可相会；无缘者，对面相见却不相识。而缘分不是天注定，是靠自己修的。

91

劝人为善，要情境合一

　　为乡邻解纷争，使得和好如初，即化人之事也；
　　为世俗谈因果，使知报应不爽，亦劝善之方也。

替乡里乡亲解决纠纷，使他们和好如初，这便是教化他人的善事；向世俗的人解说因果，让他们知道"善有善报，恶有恶报"的道理，这也是一种劝人为善的方法。

度阴山曰

劝世俗人为善，不能和他讲《论语》《孟子》——这无异于对牛弹琴；必须和他们讲因果报应，因为这符合他们的生存环境。人做任何事，都需要情境合一：你的行为和环境必须协调，遇到什么样的人说什么样的话，这是沟通第一原则。

为什么要和俗人谈因果报应？因为他们怕的就是这个，希望的也是这个。你谈对方希望的和恐惧的，当然就能抓住他们的心。这就是他们的信服理由。

有些人做不成事，大多数时候是沟通有问题，而沟通有问题，就是不能情境合一。只要能做到情境合一，那这个世界上就没有对牛弹琴这回事。

92

每个人都活在一定的悖论中

发达虽命定，亦由肯做功夫；
福寿虽天生，还是多积阴德。

一个人的飞黄腾达，虽由命运注定，却也是因为他肯努力；一个人的福分寿命，虽有定数，还是要多做善事来积阴德。

度阴山曰

西方世界有个悖论：上帝能否造出一块他无法举起来的石头？如果不能，那上帝就不万能；如果能，那上帝依然不万能。眼前，也有个悖论：如果穷富、有无福气、寿命长短都已注定，那后天努力根本无用；倘若认为后天努力有用，那以上所举就不是注定的。这是宿命论和天人感应论的最大冲突：宿命论认为一切都注定；天人感应论认为，你行善就能感动天，天就赐你福。

于是你很容易发现，世界上各种理论单独存在时，天经地义般正确，可一旦和其他理论相撞，就破绽百出。

这说明，所有的理论到实践中去未必能试出真假，但和其他理论相撞时，一定就有真有假。我们每个人都活在悖论中，不同的是，有人根本不在意什么悖论，而有人总较真儿。不在意的人活得糊里糊涂，却很快乐；较真儿的人活得清清楚楚，却很痛苦。

93

孝是百善之基，淫是万恶之首

常存仁孝心，则天下凡不可为者皆不忍为，所以孝居百行之先；

一起邪淫^①念，则生平极不欲为者皆不难为，所以淫是万恶之首。

注 释

① "邪淫"主要有三种解释：邪恶纵逸，不合正理；下流的行为；中医上指致病的因素。这里指的是第一种。

译 文

人如果能存仁爱孝顺的心，那么天下凡是不能做的事就都不忍心去做，所以孝排在各种德行之首；人一旦起了邪恶贪婪的心思，那么生平极其不齿的事也都去做了，因此淫排在各种恶行之首。

度阴山曰

孝不但是百善之先，还是百善之基。只要你是人就必有父母，有父母就必有尽孝的义务。这虽然是儒家的美好愿望，但这愿望经常破碎。理论上，整个地球的人类都具备孝的品质，但忍耐、坚守的心并不能保证让每个人都走上正路。

如此证明了一件事：任何美德都有局限性，孝只在家庭中有效，忠只在朝堂上有效，信只对守信的人有效。千万别把美德随意扩散，"移忠作孝"既不可靠也不现实。

邪恶贪婪被称为淫，贪婪本身就是邪恶。人只要起了贪婪心，那真就是无所顾忌、无恶不作了。但是，贪婪在某种意义上也有事物两面性的另一面，人类今天的发展现状，就是人类贪婪的结果，所以有格言："不满足是向上的车轮。"按照事物没有善恶的理论，贪婪本身非善非恶，要看你用它来做什么。

如果贪婪知识，那是善；如果贪婪属于你自己的钱财，那也是善；但如果贪婪不义之财，那就是恶。

94

节俭与忍耐是一种智慧

自奉①必减几分方好，处世能退一步为高。

注 释

① 自奉：自身日常生活的供养。

译 文

日常生活的花费节俭一些才好，处世中能够容忍退让才算高明。

度阴山曰

中华民族是个尤其节俭的民族，因为我国古代是农耕社会，大家靠天吃饭，所以要对生活物资精打细算，逐渐养成了勤俭节约的习惯。这一传统流传至今，依然是受到主流社会认可的美德。

在东方的文化中，忍耐是一种极高的智慧。《易经》乾卦说："初九，潜龙勿用。"说的就是时机未到时，就要暂且蛰伏，像潜伏的龙一样积蓄力量，静待时机。

在我国的历史上，有无数因忍耐而获得成功的例子，比如卧薪尝胆的勾践和忍胯下之辱的韩信。这些人选择忍耐并不是因为他们胆小，而是面对不利于自己的局势，权衡过敌我双方的力量后，作出的高度智慧的判断。

忍辱负重这个词从来不属于弱者。

95

不要自寻烦恼

**守分安贫，何等清闲，而好事者偏自寻烦恼；
持盈保泰，总须忍让，而恃强者乃自取灭亡。**

译文

能够安心过平淡的生活，是多么清闲的享受，可总有些喜欢找事的人，给自己找烦恼；极盛时要谦虚谨慎以保平安，那些靠强力的人，必定自取灭亡。

度阴山曰

人的一切烦恼源于不必要的事，不必要的事皆由人而起。人之所以生出不必要的事，全因为吃饱撑的。当人饥饿时，只有如何填饱肚子的烦恼，而填饱肚子后，却有各种各样的烦恼。如果要彻底解决烦恼，釜底抽薪的办法是安于清贫。

然而，人类的奇怪就在这里，明知道最彻底的解决方案是什么，却不用，所用的都是治标不治本的方案。于是，人就永远活在烦恼中。我们可以给出定论：人活在烦恼中是注定的。这注定非天注定，也非神注定，而是自己注定的。

什么都可以没有，一技之长必须有

人生境遇无常，须自谋吃饭之本领；
人生光阴易逝，要早定成器之日期。

译 文

人生所处环境和遭遇难以预料，做人必须有一技之长作谋生的本领；人生的时光短暂易逝，要尽早给自己定下成就事业的期限。

度阴山曰

一技之长绝不是善于道德说教，或者是修身养性。修身、齐家、治国、平天下在我国古人眼中不是"一技之长"，而是圣人的"标配"。一技之长不是"道"，而是"术"，比如建造房子、炸麻花、制作衣服、摇煤球等，大多数人都能学会，但是体面人不屑于做这些事情。但恰恰是这些事情，能让普通人安身立命。你可以什么都没有，却不能没有一技之长。

人生稍纵即逝，结束的那一刻，拥有的一切就会全部清零。

如果是这样，为何还要立志做一番大事业呢？原因是，有事做，让自己忙起来，会消磨掉一些时光。倘若没事做，心整日闲着，那会胡思乱想，异常地焦躁不安。

同样是一辈子，有的人活得有质量，而有的人活得没有质量，早早确立人生的目标，能让你的人生活得更有质量。

97

志就是志向和意志力

川学海而至海，故谋道者不可有止心；
莠^①非苗而似苗，故穷理者不可无真见。

注释

① 莠：草名，亦称"狗尾草"。

译文

河流学习大海的奔流不息，最后才能汇入大海，好比是追求学问和真理的人，绝不能有止步不前的心态；狗尾草像禾苗却不是禾苗，所以探究事物真理的人一定要有真知灼见。

度阴山曰

世界上所有的事能成，都离不开一个字——志。志分两部分，一是立志向，二是意志力。譬如你是条河流，你要去哪里是志向，你能坚持到达目的地就是靠意志力。意志力也是一种念头，不过它的作用是管制我们其他的念头，意志力可以让我们的念头更加强硬，把"我想要得到"变成"我必须得到"，它是我们成事绝不可少的要素。

世界上大多所谓的真理都是狗尾草，真正的禾苗极少，而且不是狗尾草混杂在禾苗中，是禾苗混在狗尾草中。我们若想见到禾苗，必须有火眼金睛。而拥有火眼金睛的办法也很简单，凡是看到真理并不盲从，而是认真地去辨析它，真的假不了，假的自然也真不了。

只有先确定它是假的，才能发现真的是什么。

98

做事不会累，累的是得失心

守身必谨严，凡足以戕①吾身者宜戒之；
养心须淡泊，凡足以累吾心者勿为也。

注 释

① 戕：伤害、残害。

译 文

保持气节须谨慎，凡会损害自己气节的事都要杜绝；颐养心志必须淡泊，凡是会影响自己心志的事都不要做。

所谓气节，是人的志气和节操，大多数时候指的是在压力面前不屈服。所以，损害气节就是无法承受压力、被迫向压力低头的行为。若不想损害气节，有些压力必须扛，有些事情必须做，而有些事情就一定不能做。

我们每天都觉得累，其实做一件事的累是很容易消除的，比如做体力活儿，休息一下就可以了。真正让我们长久累的，尤其是累心的，并不是事情本身，而是我们累于得失。只要心中没有得失、荣辱、毁誉的心态，那就不可能累，更不可能有心累一说。

99

有高位才有高风亮节

人之足传，在有德，不在有位；
世所相信，在能行，不在能言。

译文

能够流传千古的是有高尚德行的人，而非位置高贵的人；世人为之信服的是他的行为，而不是他的话语。

度阴山曰

评判一个人，不但要听他说了什么，更要看他做了什么。伪君子很多时候都是人前一套背后一套，满口仁义道德，暗地则男盗女娼。所以，我们千万要注意那些说漂亮话说得特别溜的人，正是他们，更容易前后不一。

100

不作恶比为善要高明

与其使乡党有誉言，不如令乡党无怨言；
与其为子孙谋产业，不如教子孙习恒业。

译 文

与其让邻里对你称赞有加，不如让他们对你毫无抱怨；与其替子孙谋求田产财富，倒不如让他们学习可以长久谋生的本领。

度阴山曰

让邻里称赞你，不如让邻里对你没有抱怨，这说明两点。第一，为善不如不作恶。你一旦为善，就会被人贴上个"善"的标签，若有一天突然搞砸了一件事，大家不但撕毁你"善"的标签，而且还会狠狠地唾弃你，所以，不作恶就可以了。第二，人始终活在别人的评价体系中，比如邻里。你一旦活在别人的评价中，就没有了自主意志，就要受这个圈子的影响，就活得不舒服。即使舒服，也是建立在别人的评价上。

能为子孙取得财富，就尽量取得财富，在帮他们取得财富后，如果有余力，就帮他们拥有一项长久谋生的本领。

101

学圣贤言辞，只为做自己，而不是其他

多记先正格言，胸中方有主宰；
闲看他人行事，眼前即是规箴。

译文

多记住些先圣先贤立身处世的训词，心中才会有正确主见；旁观他人做事的得失，便可作为我们行事的法则。

度阴山曰

先圣先贤的训诫只有一个内容：做人。而做人首先是做孝子，其次是做忠臣。这是建立在血缘关系上的做人法则，而今天，血缘关系已被地缘关系取代（没有人只靠家庭就能活下来，大家都会离开家，血缘关系越来越淡，五湖四海聚集在一起的地缘关系越来越重要），孝子当然要做，忠臣当然也要做，不过已远没那么重要，重要的是每个人都应该先做自己，做最好的自己，其次才是做孝子、做忠臣。

102

谢安的从容，不是每个人都能学会的

陶侃运甓^①官斋，其精勤可企而及也；
谢安围棋别墅，其镇定非学而能也。

注释

① 甓（pì）：同砖。

译文

东晋名臣陶侃，为了勉励自己，每天早上把一百块砖搬运到室外，晚上又把它搬回来，这种勤奋的精神是可以学到的；东晋名臣谢安在淝水之战时很淡定地和他人下棋，这份镇定从容可不是后天学来的。

度阴山曰

所谓天赋，是先天而来，不需要后天也无法靠后天修炼完成，比如谢安在大战时的淡定。

如果你相信天赋，或者是天命，你就要相信谢安在敌强我弱，甚至是在根本不可能取胜的情况下的从容自若是与生俱来的。但是，哪里有什么与生俱来？

所以，千万别相信谢安的淡定，也许他内心正波涛汹涌。

让别人尊重自己

但患我不肯济人，休患我不能济人；
须使人不忍欺我，勿使人不敢欺我。

只担心自己不肯发善心帮助别人，不用担心自己没能力帮助别人；要让别人因为你的德行而不忍心欺骗你，不能让别人因为畏惧你而不敢欺骗你。

度阴山曰

人生中有条光明定律：只要你肯做一件事，那你就肯定能做到。只要你肯帮助别人，那你根本不必担心自己是否能做到，因为你一定有能力做到。

人最怕的就是没有决心和意志力，有了决心，你就能要风得风；有了意志力，你就能要雨得雨。

104

教育好后代，就是开创家业

何谓享福之人？能读书者便是。

何谓创家之人？能教子者便是。

译 文

什么才算是享福的人？能读书的人就是。什么才算是开创家业的人？把后代教育好的人就是。

度阴山曰

古人非常推崇读书，宋代皇帝甚至说："书中自有黄金屋，书中自有颜如玉"，将读书与富贵、美人这些俗物相联系。同时，不仅热衷名利之人读书，读书同样是普通士人以及隐者陶冶身心的极好方式。

在大多数人看来，开创家业应该是开拓进取，为自己和家人获取财富，但在这里却成了教育子女。因为中国人认为，子女不仅是父母血脉的延续，更是志向、命运的延伸，所以才有"三年无改于父之道，可谓孝矣"的名句。

105

孔孟的亲子教育方式

子弟天性未漓，教易行也，则体孔子之言①以劳之，勿溺爱以长其自肆之心；

子弟习气已坏，教难行也，则守孟子之言②以养之，勿轻弃以绝其自新之路。

① 孔子之言：爱之能勿劳乎——爱他就让他劳动。

② 孟子之言：中也养不中，才也养不才——有合乎中道的父兄来教育子弟，使他归于中道；有才的教导无才的，使他自觉自发。

译 文

当孩子天性尚未受到社会恶习熏染时，教导他是不难的，因此应以孔子的方式教导他，不要溺爱，以免助长了他自我放纵的心。当子弟习性已经败坏很难教导时，要依孟子的方式教他，不能轻易放弃，使他失去自新的机会。

度阴山曰

孔孟的思想，很大一部分是和亲子教育相关的。这当然缘于儒家思想的起脚处在家庭，必须让脚跟稳固，防止后院起火。中国人最重视家庭教育，其实这是血缘崇拜的结果，因为在古代血缘崇拜下，大家都在家中，"生于斯，长于斯，死于斯"。家庭成为最重要的基本社会单位。所以，家庭教育尤其丰富，不得不受重视。

试想，如果不大力提倡孝，儿女们造了老爸的反，岂不是家庭惨剧？如果不大力提倡夫唱妇随，那每个男人都怕老婆，岂不是把宗法制（男人为王）捅个窟窿？

所以，孔孟的思想，注定是要以亲子教育为基础。孔子的家教技术是防患于未然；孟子的家教技术比孔子的略低一筹，是事情发生后再出手。可无论是孔子还是孟子，其家教思想都是对孩

子"不放弃，不抛弃"。

106

个人品质要极简

忠实而无才，尚可立功，心志专一也；
忠实而无识，必至偾事^①，意见多偏也。

注 释

① 偾（fèn）事：败事。

译 文

一个忠厚老实却没有才干的人，仍能建功立业，因为他心志专一；一个忠厚老实却没有见识的人，就一定会败事，因为他的意见大都会趋于偏执。

度阴山曰

忠厚老实的人，如果才能不够，那建立功业的机会还是有的，虽然很小。忠厚老实的人，如果没有见识，那就麻烦了。一旦没有了见识，人就会偏执，一偏执肯定会把事搞砸。

107

幸存者偏差

人虽无艰难之时，却不可忘艰难之境；
世虽有侥幸之事，断不可存侥幸之心。

译 文

一个人即使从未遇到过艰难困苦，却不能忘记世界上有艰难困苦这回事；世上虽然存在着侥幸的事例，人却不能怀有侥幸的心态。

度阴山曰

有人抽烟酗酒，居然长命百岁。于是抽烟喝酒的人就说："你看，没事。"这是典型的幸存者偏差——你看到的那些长命百岁的抽烟酗酒者只是少数，你没看到的大部分人都死掉了。世上固然有作恶的人没有得到恶报，可不保证你作恶不会得恶报。怀着侥幸心理，最后栽跟头的肯定是你。

有些事，别人做得，你却做不得。比如有人遭遇车祸不死，有人走路都会绊死。不同的人，有不同的命运和活法。无论是什么命运和活法，你都要记住：别存侥幸心理。因为那些侥幸躲过灾难的人，从来没有存过侥幸心理。凡是存了侥幸心理的人，都没有躲过灾难。

108

做人和做事在两个领域

心静则明，水止乃能照物；
品超斯远，云飞而不碍空。

译文

心在沉静后才会澄明，如同水面只有平静后才能映照万物；
人的品行高尚才能心志高远，就像云飞起来才能超然而不阻碍
天空。

度阴山曰

这是浪漫到极致的"天人合一"思想：因为看到水面平静下
来后照彻到万物，所以就推导出属于人的心只有沉静下来才会澄
明。这种论调没有大前提，拿不出积极证据证明人的心和水面是
一样的，天人凭什么是一回事呢？

所以，我们可以相信水面静止后能照彻万物，但不要轻易相
信心沉静后会澄明。有人不用待心沉静就能看透万物，有人纵然
无时不沉静，也参不透事物。

在泛道德论调下，人必须品格高尚才能志向高远。但志向高
远和品格没有丝毫关系，若非要强行扭到一起，就是对志向的侮
辱，当然也是对品格的高估。做事就是做事，考验的是能力；做
人不需要能力，只需要道德，道德不是能力。所以，会做人的人
不一定能做好事，能做好事的人也不一定是好人，二者八竿子打
不着，不必强扭在一起。

地瘦栽松柏，家贫子读书

清贫乃读书人顺境，节俭即种田人丰年。

译文

家境清贫对读书人来说就是顺遂的环境，勤俭节约对种田人来说就是丰年的征兆。

度阴山曰

我国古代的科举制度是穷人实现阶级跨越的唯一路径，也因此流传下了许多贫苦的读书人刻苦读书的励志故事，如凿壁偷光、悬梁刺股等，正是这些故事激励了一代又一代的读书人。

"地瘦栽松柏，家贫子读书。"越是贫困，越是要读书，因为读书是一个家庭走出贫困的唯一路径。

了解了这一背景，我们就能理解为什么作者要说"清贫乃读书人顺境"这句话了，这是对所有身处清贫、缺衣少食的读书人的安慰和鼓励：我辈读书人，要将清贫作为动力。

评价人，需要看他做事

正而过则迂，直而过则拙，故迂拙之人犹不失为正直；
高或入于虚，华或入于浮，而虚浮之士究难指为高华。

译 文

人的性情过于刚正就会显得迂腐，过于直率就会显得笨拙，所以迂腐笨拙的人仍能称得上正直；人如果自命清高有时就会陷入虚妄，自恃才华过人有时就会陷入浮夸，然而虚妄浮夸的人终究难以称得上清高多才。

度阴山曰

无论是过于刚正还是过于迂腐，都必须事上见真章。从来没有人什么都不做，就被人定义为刚直或迂腐的。

人自命清高不一定陷入虚妄，因为有些人的确是才华过人，能甩别人几条街。但大多数自命清高的人，都是半瓶子醋——晃荡。真正有本事的人，只在心中自命清高，从来不在他人面前自命清高。

111

爱出者爱返，恨也是

人知佛老为异端^①，不知凡背乎经常者，皆异端也；
人知杨墨为邪说，不知凡涉于虚诞者，皆邪说也。

注 释

① 异端：古代儒家称和自己见解不同的学派为异端。

译 文

　　人人皆知佛教和老子学说是异端，却不知凡是违背常理的学说，都是异端；人人皆知杨朱和墨子的学说为邪说，却不知凡是荒诞无稽的学说，都是邪说。

度阴山曰

　　人类社会在互相定位中争吵不断。我说你是异端，你说我是邪人；我说我是宗师，你说你是鼻祖；开车的时候诅咒闯红灯的路人，走路的时候大骂开车的司机。

　　人类最喜欢给他人贴标签，尤其是"恶"的标签；人类也最喜欢给自己贴标签，特别是"善"的标签。而这些标签就像有灵性一样，你给他人贴的"恶"的标签最终会回到你身上，你给他人贴的"善"的标签最终也会回到你身上。

人生两大智慧：及时止损和立即行动

图功未晚，亡羊尚可补牢；
浮慕无成，羡鱼何如结网①。

注 释

① 出自《汉书·董仲舒传》："古人有言曰：'临渊羡鱼，不如退而结网。'"

译 文

谋取功业什么时候都不晚，好比是亡羊补牢可以防止继续损失；只是羡慕别人永不会有成就，好比站在池边幻想捉到水中的鱼，倒不如回去织网然后来捕鱼一样。

度阴山曰

失败不可怕，可怕的是破罐破摔；有欲望不可怕，可怕的是只有欲望。亡羊补牢的经验之所以宝贵，是因为主人公懂得一次失败并不等于永远失败，及时止损，就是成功。退而结网的人之所以是聪明人，是因为他懂得"知而不行"是人生中最大的问题。

亡羊补牢、退而结网，这两种人生指南看似普通，其实是高度智慧的结晶。亡羊补牢是止损，退而结网是立即行动，二者合一，万事可成。

113

无知和不知足，都会带来痛苦

道本足于身，以实求来，则常若不足矣；

境难足于心，尽行放下，则未有不足矣。

译 文

人间的道理就在我们身边，通过实际观察而求得后，也要意识到了解掌握得还不够；境遇很难满足自己的心愿，但只要能把对外物的执着追求放下，就能心满意足。

度阴山曰

我们懂得很多道理依然过不好这一生，原因很简单，因为我们总是在懂点道理后就自认为懂了很多。其实，最浅薄的人不是不懂道理，而是自认为懂了很多道理。

人是一种适应能力特别强大的动物，比如在臭水沟能活下来，在乐园也能活下来。所以，境遇很难满足心愿，因为人不但适应能力强，逆反能力更强。在某种境遇待久了，自然想品尝其他境遇，这山望着那山高，不停执着于变幻的外物，永不知足。

人的痛苦有两个原因：一是无知（以为自己都知道），二是不知足。

成功有两种，一是外王，二是内圣

读书不下苦功，妄想显荣，岂有此理？

为人全无好处，欲邀福庆，从何得来？

译文

读书不勤奋刻苦，却想着有朝一日拥有显贵荣华，天下哪有这样的道理？为人处世从不行善积德，却想着能有福气喜事，又将从何处获得？

度阴山曰

成功有两种：一是外王，即看得见摸得到，尤其是别人看得见摸得到的荣华富贵；二是内圣，即看不见摸不到，却能体会到的身心愉悦。大多数人追求的是外王，当他要追求内圣时，离死可能就不远了，因为人之将死，其心也正。

外王式的成功最容易，只要通过努力和运气即可，努力至关重要，运气也是。内圣的成功却难，它不是通过你"增加式"的努力，而是通过你"削减式"的放松和大悟才能得到。

不努力就不可能有外王式的成功，太努力就不可能有内圣式的成功。如果非要通过努力来抵达内圣式的成功，那恐怕只有积善行德了。"予人玫瑰，手有余香"就是这个意思，人通过积善行德来得到福气喜事，这就是身心愉悦的前提。

犯错是面照妖镜

才觉己有不是，便决意改图，此立志为君子也；
明知人议其非，偏肆行无忌，此甘心为小人也。

译 文

一旦察觉自己有不对的地方，就坚决改正，这是有志做君子的表现；明知道别人在议论自己的错误，反而冥顽不灵、横行无忌，这就是心甘情愿做小人的表现。

度阴山曰

知错就改是好同志，改错的人绝对是聪明的人，因为改错首先是对自己和他人的及时止损，其次是亮明了自己谦虚靠谱的态度，最后通过认识错误、改正错误学到的道理是最扎实的。即是说，知错就改的人是这个世界上最伶俐的君子。

我们能从一个人对待错误的态度上看清这个人是聪明人还是蠢人，更或者是恶棍。倘若你想真正了解一个人，那就看他犯错后的表现。

116

你的朋友价值几何

淡中交耐久，静里寿延长。

译 文

在平淡之中交往的朋友，往往能维持很久；而在平静中度日，寿命必定延长。

度阴山曰

我国古代把交朋友看作大事，而且朋友关系名列五伦（君臣、父子、兄弟、夫妇、朋友）。这是因为中国人最讲究关系，每个中国人都活在关系中，朋友就是一种关系，在家靠父母，出门就得靠朋友。不过，人的一生能交到的知心朋友不会超过三个，其他都是酒肉朋友和利害朋友。你以为我们最喜欢的是知心朋友？恰好相反，我们最喜欢的是酒肉朋友和利害朋友，因为在他们身上，我们有利可图——酒肉朋友可以帮你排解寂寞，利害朋友也许能帮我们发家致富。

我们都知道酒肉朋友和利害朋友不是真朋友，所以才特别渴望那些"平淡"（就是没有利害关系）的朋友，也只有这种朋友的友谊才持久。

117

世界上最便宜的后悔药

凡遇事物突来，必熟思审处，恐贻后悔；
不幸家庭衅起，须忍让曲全，勿失旧欢。

译文

凡遇到突如其来的变故，一定要深思熟虑后冷静处理，以免将来后悔；家庭中不幸发生纠纷，应该忍让、委曲求全，以免因此丧失从前的和睦。

度阴山曰

很多人都有后悔的事，而且不止一件，他们最希望这个世界上有后悔药。其实我国古人早就研制出了后悔药，而且特别便宜，它的名字叫"深思熟虑"。即是说，你在做任何事前，必须深思熟虑，如此就可以避免后悔。

许多人都认为，深思熟虑这种药能提高我们的智力，其实不是。深思熟虑是让我们冷静下来，在冷静的时间中慢慢把冲动的欲望降至最低。如此，药效就产生了：你不会去做这件事了，或者是做这件事时换了个方法。比如遇到突如其来的打击，经过长时间的"深思熟虑"后，你的情绪稳定下来，冷静处理了事情。再比如家庭发生了矛盾，你不会跳起来和老婆吵一架，否则明天可能就是妻离子散。

总之，我们若要做事不悔，就必须事前使自己的情绪充分冷静，让炽热的情感降温，做事不过火就不会后悔。所以，所谓的深谋远虑，不是让你琢磨出惊天动地的智谋来应对事情，而是让你通过深思熟虑，把自己升高的情绪降下来，这就是世界上最便宜的后悔药。

118

聪明人要深藏不露

聪明勿使外散，古人有纩①以塞耳，旒②以蔽目者矣；
耕读何妨兼营，古人有出而负耒③，入而横经者矣。

注释

① 纩（kuàng）：棉絮。

② 旒（liú）：帽前悬挂的缀饰。

③ 耒（lěi）：一种农具。

译文

聪明的人要深藏不露，好比古人用棉花堵塞耳朵，用帽饰遮住眼睛；耕田和读书可以兼顾，古代有人白天扛着工具耕种，晚间回家则捧着经书阅读。

度阴山曰

深藏不露的人肯定会露，否则别人就不会知道他深藏不露。中国人不像西方人那样外放，中国人尤其内敛，深信"木秀于

林，风必摧之"的真理，所以白天耕田，晚上读书，练就一身本事，在一些无关紧要的人面前，就是深藏不露。好比一个身怀和氏璧的人，不遇到买得起的真主，绝不会露出宝贝。

这种"不见兔子不撒鹰"的做派背后是传统文化心理。人在这个世界上有两种形态：一种是慎独时的形态，这个是真实的自己；另一种是在各种关系中的形态，这个不是真实的自己，但它也是你自己。

古人往往活在各种关系中，或者说他之所以是他，只能是各种关系中的他；他之所以有价值，并不体现在慎独时，而是体现在他在各种关系中时。孔子认为人的本质是仁，仁不是慎独时所具备的品质，而是在各种各样的两人、三人、多人关系中具备的品质。由于每个古人都要如此，所以渐渐形成了一种标准：比如在父子关系中，作为儿子，你必须孝顺；在君臣关系中，作为臣子，你必须忠诚。倘若你稍有点自己的判断，不愚孝、不愚忠，你就脱离了大多数人好不容易建立起的标准群，于是，大家就会冷眼看你，讨厌你。

在这种不能轻易脱离群体的情况下，人学会了深藏不露。深藏不露是一种迫不得已的智慧，为了不死在功成名就的前夜，身怀绝技的古人必须学会深藏不露。

119

修养品德是我们给天的贡品

身不饥寒，天未曾负我；

学无长进，我何以对天？

身体没有受到饥饿寒冷的痛苦，这是天不亏待我；如果我的学问无所进步，我有何颜面去面对天呢？

度阴山曰

这段话讲的是"天人合一"：天赏赐给人类各种动植物和美好的空气，人应该回馈给天以贡品，这贡品中最贵重的就是人的德行。因为天生人，就是让人成为顶天立地的道德圣人，所以我们通过学问提升自己的品质。

120

可以争事，但不要斗人

不与人争得失，惟求己有知能。

译 文

不跟别人争论得失功过，只要求自己具备智慧才干。

度阴山曰

世界上有两种人，一种是"对事不对人"，另一种则是"对人不对事"。前者只专注于事情本身，所有精力都为了完成事

情、解决问题；后者则专注于人，他幻想能通过和对手争斗脱颖而出，即是说，只要他打败了人，就等于解决了事。

每个人都在争，只不过有人是争事，有人纯粹是为了斗人。争事的人无论成败，所争的事情终归可以完成。但与人斗的人，纵然斗败了人，事情也未必能成。所以，为了改变这种恶劣局面，古圣先贤才苦口婆心地劝阻众人，不要搞关系学，要搞能力学。然而认真听的人寥寥。

121

声称按规矩办事的人，一定不懂规矩

为人循矩度，而不见精神，则登场之傀儡也；
做事守章程，而不知权变①，则依样之葫芦也。

注释

① 权变：通权达变。出自《文子·道德》："圣人者应时权
变，见形施宜。"

译文

如果为人只知依着规矩做事，而不知规矩的精神所在，那么就和戏台上的木偶一个样；做事如果只墨守成规，而不通权达变，那和照样模仿没有区别。

按规矩办事是正确的，不过要知道规矩的精神，不要把按规矩办事当成是目的，而忘了按照规矩办事的目的是把事情办好。把事情办好，就是规矩的精神所在。

许多人做事只按照规矩来，至于事情能不能做好，他是不管的，因为他的目的不是把事情做好，而是不要犯错。所以，按照规矩办事是墨守成规，按照规矩精神办事才是通权达变。

墨守成规对有些事而言正确无比，比如流水线作业，但对除此而外的所有事，都不适用。墨守成规的"规"不应该是外在的规定，而是内心的良知，按良知做事就是通权达变，违背良知或者漠视良知，就是依样画葫芦。

有些人墨守成规是蠢，但有些人是坏。有些人按规矩办事是胆小，有些人则是欲有所图。

122

一碗迷魂汤：富贵是幻象

文章是山水化境，富贵乃烟云幻形。

译文

文章就如同山水一般，是幻化境界，而富贵就如同烟云一样，是虚无的影像。

我国古人认为，文章不是人写出来的，而是山水通过人幻化出来的。所以写出锦绣文章的人，只不过是心中有山水，才能有妙笔罢了。不居功，不贪功，把所有功劳都归于天，这是古人的人生态度。

富贵如烟云一样是虚无的影像，这是典型的灌给那些想要通过自身努力而改变凄苦现状的普通人的心灵鸡汤。富贵如果如烟云，为什么那么多人喜欢追求？富贵如果如幻象，那为什么身处其中的人总是喜笑颜开？

123

古代中国，即道德中国

郭林宗①为人伦之鉴，多在细微处留心；
王彦方②化乡里之风，是从德义中立脚。

注 释

① 郭林宗（128—169）：郭泰，字林宗，东汉太原介休（今属山西）人。好品评人物，善于鉴察人伦道德，人称有道先生。

② 王彦方（141—219）：名烈，字彦方，东汉太原（今属山西）人。因品德高尚称誉乡里，平时善以德行感化乡里，化解乡邻的纷争，以至争讼的人见到他家大门就立

即和解。

译 文

郭林宗在鉴察品评人伦道德的时候，大多留心人们言辞和行为的细节；王彦方在感化乡里风俗时，就以道德仁义为根本去着手。

度阴山曰

两个人的行为给我们以下启示：首先，道德评价关涉言辞和行为，即是说，考察一个人是不是道德的，不能听他说了什么，也不能只听别人说了什么，而是要亲自去考察他的行为，以此来确定他的道德水平。其次，既然是感化别人，那只能从道德仁义上入手。最后，我国古代不但有道德说教，也有道德传教士，似乎在他们眼里，道德即一切，一切即道德。

124

不要去欺骗和你一样会思考的人

天下无憨人，岂可妄行欺诈；
世上皆苦人，何能独享安闲。

译 文

天下没有真正的笨人，怎么能任意地去欺侮诈骗他人呢？世

上大部分人都在吃苦，我怎能独享闲适的生活呢？

每个人说话、做事都可以先想一想。有些人自以为聪明，总是欺骗老实人，不去考虑后果，最后难免自食恶果。世上大部分人都在吃苦，你也不能一直享乐，独乐不如众乐。

于是我们可以得到如下结论：第一，不要去欺骗别人，因为大家都会思考，真相不会一直被掩盖；第二，如果身边的人都在吃苦，你也难得真正的快乐。

125

甘受人欺的人，一定是懦弱的人

甘受人欺，定非懦弱；
自谓予智，终是糊涂。

译文

甘愿受人欺侮的人，绝对不是懦弱的人；认为自己聪明的人，终究是糊涂的人。

度阴山曰

心甘情愿受人欺负的有两种人：一种是圣贤仙佛，心中已无计较心；另一种是胆小如鼠、不敢反抗的人。若是正常人，可能会受人欺负，但绝不可能心甘情愿。所以，甘愿受欺负的人，一定是懦弱之人，因为世界上根本没有圣贤仙佛，只有普通如你我的俗人。

每个人都觉得自己特别聪明。觉得自己特别聪明没有问题，有问题的是，把别人看得不聪明，甚至还把自己认为的聪明用到别人身上，这就是糊涂的人，这样的人注定会得到教训。

126

好人和坏人的分水岭就在居心

漫夸富贵显荣，功德文章要可传诸后世；
任教声名煊赫，人品心术不能瞒过史官。

译文

夸耀财富和地位没有问题，但要有值得流传后代的功业或文章才好；无论声名多显赫，个人居心是无法欺骗史官的。

度阴山曰

正直的人最怕两件事：一是名不符实，二是念头不纯。无赖也最怕两件事：一是名实相符，二是动机纯粹。聪明人认为，财富和地位可以拿出来炫耀，不过更值得炫耀的是功业和文章。愚笨的人则认为，声名显赫最重要，管它什么居心良或不良。

好人和坏人的分水岭就在居心上，世界上只有居心良的人好

心办了坏事，从来没听说居心不良的人做成好事的。

127

有门必有锁，有锁必有钥匙

神传于目，而目则有胞^①，闭之可以养神也；
祸出于口，而口则有唇，阖之可以防祸也。

注 释

① 胞：眼睑。

译 文

　　人的心神从眼睛发出，而眼睛上下有眼睑，闭上之后就可颐养心神；惹祸的言语从嘴巴中流出，而嘴巴上下有嘴唇，闭上之后就可防止灾祸发生。

度阴山曰

　　老天设计了一扇门，就肯定再设计一把锁，为的是锁住这扇门。如果你相信这个世界上所有的问题都有解决方案，正如所有的锁必有一把开它的钥匙的话，那你就应该相信老天为我们每个人可能发生的危险都做好了预警和解除模式。比如眼睛会发出光，所以我们有眼睑可以遮住光；嘴巴虽然可以流出惹祸的话，但我们有嘴唇可以管住嘴巴。

认真琢磨一下就可知，眼睑和嘴唇并不能管住我们的眼睛和嘴巴，能管住我们眼睛和嘴巴的是我们的心。心如果想管，眼睑和嘴唇不得不听话；心如果不想管，我们只是空有眼睑和嘴唇。

128

在家教面前，不分贫富贵贱，人人都难

富家惯习骄奢，最难教子；
寒士欲谋生活，还是读书。

译 文

富贵人家习惯了骄横奢侈，所以最难教育子女；贫寒之人想要谋求生计，最好还是读书。

度阴山曰

富贵人家出逆子，但贫穷之家也出逆子，只不过富贵人家由于光环效应，所以出了个逆子就成了新闻。子女教育问题，似乎不分富贵贫贱家庭，家家对这段经文都念得磕磕巴巴。重要的是，管好自己的事，别天天盯着别人家的家庭教育一惊一乍。人家富贵、人家最难教育子女的问题和你无关，况且你家的教育子女问题也不简单。

贫寒之士要谋求生计最好是通过读书，说这话的人显然是古代知识分子，因为手无缚鸡之力的他们不可能想到，生计道路有很多，可以务农，可以做小生意，可以打猎，可以捕鱼，读书只是其中之一。只是，在我国古代，相对于务农、做小生意，读书是一本万利的事情，中个科举，那这辈子的生计就没什么问题了。

129

人生有意义，远离苟和俗

人犯一苟字，便不能振；
人犯一俗字，便不可医。

译文

人如果犯了苟且偷安的毛病，便不能振作；要是犯了低级庸俗的毛病，便没救了。

度阴山曰

人一旦苟且不知进取，那这辈子就算提前结束了。倘若再有低级庸俗的毛病，那都不能称之为人了。为什么"苟"和"俗"这两个字对人生的危害如此之大呢？

因为苟且不仅是得过且过。人如果苟且了，就会自私自利，更要命的是，他连自私自利都不彻底。苟且的人是成事不足，败事都不足。而人一旦庸俗，就会沾染各种不良习气，如此一来，人就没救了。

理想大功业就大吗？

有不可及之志，必有不可及之功；
有不忍言之心，必有不忍言之祸。

译文

有常人不可企及的远大志向，必然能成就常人不可企及的功业；不忍心指出别人的过错，就必然要遭受由此带来的祸患。

度阴山曰

当初陈胜在田间锄草时，突然仰天大叫说："苟富贵，勿相忘！"他的朋友嘲笑他说："咱们种地的怎么可能富贵？"陈胜说："燕雀安知鸿鹄之志哉！"才不过几年，陈胜就带着几百人造了秦国的反。史学家事后追溯陈胜发迹源头时，就郑重其事地拿出了他在田间所立志向一事，最后总结：人有多大的志向，就能创造多大的功业。

这碗鸡汤放了太多人参、鹿茸、枸杞，喝得人浑身燥热。可惜，鸡汤的效果很短暂。曹操晚年总结其人生时说："我真没想到能做这么大，全是被时势推着走到今天，开始时哪有什么远大理想啊！"

要记住，不是有多大理想就有多大功业，如果这个公式成立，那世界上所有人都会成绩不凡，因为所有人在少年时代的理想都比天大。儒家在这方面讲得最漂亮：尽人事以待天命。它用的是"待"，等待的意思。即是说，我只负责努力，至于功业多

大，我等着天给我送来，来了最好，不来，也没有关系。那么，等不到会不会有遗憾呢？儒家的回答是，当然不会。因为你努力了，你做了你该做的事，非常爽。老天做不做它的事，你管不到。

别人要犯错，要不要指出？这要看以下几个方面：第一，他犯的错害处大不大，如果大，一定要指出；第二，他是不是你好朋友，如果是，一定要指出；第三，他犯的错，你有没有，如果有，一定要改。

孟子说："万物皆备于我矣。"这是修行真法门：你见到的，无论是正确的还是错误的，都要反推到自己身上来，看看自己是否有——见贤思齐，见不贤而内自省。

天地万物，都为我修身所用，能有这种意识和行动，就是真懂传统文化。

131

做人可以缓缓，做事却要紧逼

事当难处之时，只让退一步，便容易处矣；
功到将成之候，若放松一着，便不能成矣。

译文

事情到难以解决的时候，只需退让一步，就会变得容易解决；功业到了即将成功的时候，若是放松一毫，就无法成功。

做事做到最艰难处，是咬牙坚持战斗还是缓缓，各执一词。其实这里指的应该不是客观之事，而是和他人的关系。和他人的关系僵持甚至仇恨后，最有效的办法不是攻击，而是后撤一步。后撤一步的妙处在于，对手认为你怕了则会放松警惕，而你则可以乘机休养生息，以备二次更猛烈的进攻。就像是拔河比赛，松手缓缓虽然不能赢得比赛，却能让对方摔个屁股蹲儿。

一件事到了关键时刻，只差一步就完成，可你没有坚持住，稍微放松了一步，那这件事离成功不是远了一步，而是远了百步甚至千步。

所以，做人要懂得后退松手；做事必须紧逼，不到胜利绝不放松警惕。

132

泛道德主义是凶手

无财非贫，无学乃为贫；
无位非贱，无耻乃为贱。
无年非夭，无述乃为夭；
无子非孤，无德乃为孤。

译文

没有钱财不是贫穷，没有道德学问才是；没有社会地位并不

低贱，没有羞耻才是。没活几年不是夭折，没有著述才是；没有儿子不是绝后，没有道德才是。

我国古代泛道德主义在这几句话中体现得淋漓尽致。所谓泛道德主义，就是道德渗入所有方面，并且成为这些领域判断是非的标准。比如经济方面，贫穷的标准不是没有钱财，而是没有道德学问。比如社会方面，低贱的标准不是社会地位，而是道德中的羞耻心。比如寿命方面，夭折的标准不是没活几年，而是没有著书立说；绝后的标准不是没有儿子，而是没有道德。

这种泛道德主义，造成对人的评价标准含混不清，因为在所有领域中，高低的评价标准不是专业能力而是道德，所以人只要好好自律、修身就能成为该领域内的第一。而当所有人都大谈特谈道德时，没有道德的人也只能跟随，伪君子就此产生。

我们并非反感道德——因为必须有职业道德——而是反感把道德当成衡量一切的标准，使得人的能力被忽视，高手不能脱颖而出，低能者假借道德而升到最高处，最后社会难以进步。

133

憎恨丑恶的程度和它与你的远近有关

知过能改，便是圣人之徒；

恶恶太严，终为君子之病。

　　知道过错就改正，可称得上是圣人的弟子了；憎恨邪恶过于严苛，终会成为君子的过失之一。

　　人人都知道自己的错误，改正的人却不多，所以说改过最难，一旦突破此难题，就是圣人门徒了。

　　人应该疾恶如仇才对，而这里却说憎恨邪恶过于严苛是过失，我们该如何理解呢？其实也很好理解，因为中国人讲中庸，讲不温不火，讲和谐。恶虽然可恨，然而过于愤恨，就会给自己带来心理上的负担，君子的过失并不在外，而在内。人长期处于仇恨状态中，身心都会受到影响，不能中正平和，自然对自己没有任何好处。

　　但是，这个中庸的度到底是几度，能否量化？好比我对一件丑恶的事憎恨程度应该是多少，才算是中庸？中国古人没有告诉我们量化的数字。其实向来讲究整体思维的古代中国人，也无法告诉你，因为从整体上看似乎面面俱到，其实当你讲整体而不讲细节时，你就已经陷入浮光掠影、不细致、不专业的地步了。

　　事实上，对丑恶的憎恨程度往往按你和丑恶的关系远近来判断，丑恶离你越近——比如有人诬陷你——那你的憎恨程度就越高，反之就越低。所以，人活到一定份儿上，可能越会变得"各人自扫门前雪，休管他人瓦上霜"。

孝悌是最基本的人际关系

士必以诗书为性命，人须从孝悌立根基。

译 文

知识分子肯定要以读书为使命，所有人都应把孝顺父母和爱护兄弟姐妹作为人之基础。

度阴山曰

读书不是为了学自然知识，也不是为了科学献身，而是学习伦理知识。伦理知识中有五种伦理，即君臣的忠礼、父子的慈孝、夫妇的有别、兄弟的悌爱、朋友的信义。在这五种伦理关系中，最重要的就是父子和兄弟，你可以不在君臣关系中，也可以没有夫妇关系，更可以没有朋友关系，但一定要有父子关系和兄弟姐妹的关系。所以，孝和悌最重要。而且家庭是组成国家的最基本单位，只有家庭稳固，国家才能稳固，于是维护好家庭关系就显得尤其重要。这就不难理解，为何古人最重孝悌。

135

相信什么才能看到什么

德泽太薄，家有好事，未必是好事，得意者何可自矜？
天道最公，人能苦心，断不负苦心，为善者须当自信。

译 文

积累的道德过于薄弱，即使家中有好事，也未必真是好事，得意的人有什么值得自我夸耀的？天道最公平，人如果刻苦努力，老天就一定不会辜负他，行善的人心中应该有这份自信。

度阴山曰

没有道德的人家，即使家财万贯，终究会破产，这句话绝对是一句正确的废话。因为金银财宝，有来就有去，可问题是，要多久才能去？比如一个人德很薄，但仍然有好事，比如吃穿不愁，那他什么时候可以失去一切？是十年还是一百年，或者是一万年？

如果你解释不了时间长短的问题，那这句正确的废话就是歪理邪说。

我国古人认为天有三种：一种是人格神，一种是大自然，还有一种则是道理。比如付出就有回报，这是个道理，而我们则认为是老天给了我们回报。

如果是道理之天告诉我们付出就有回报，我们信不信？大概率要信，因为大多数人都是遵循了"付出就有回报"这条天理而得到回报的。

然而，如果天是人格神的天，他是有喜怒的，你不知道他会因为什么原因而忽视你的努力，拒绝给你回报。更恐怖的是，如果天是无意识的大自然，你怎么努力和人家有什么关系，根本不会得到回报。

在古人看来，人世间所有事情都是这样的，你相信什么才能看到什么，不是反过来，而且必须是无条件地相信。

136

评估自己时，需要平心静气

把自己太看高了，便不能长进；
把自己太看低了，便不能振兴。

【译 文】

若将自己评估得过高，便不会有进步；把自己评估得太低，便不能振作。

【度阴山曰】

自负和自卑没有本质区别，它们是自信的过或者不及。自负的人高估自己，自卑的人低估自己。只有自信的人，才能实事求是地评估自己的能力，做力所能及的事。而力所能及的事就是能让人进步和振作的事。

然而遗憾的是，正确评估自己特别难。它的难点在于，我们自己既是被告又是法官，当我们士气沮丧时就会破罐破摔，低估自己；当我们春风得意时就会有一说十，高估自己。

虽然有难度，却仍有可行性。即是说，当我们评估自己时，首先要做的是平心静气，好比是个法官看着一个被告，不能因为你不想伤害他就高估他，也不能因为你觉得他有罪就低估他。平心静气，把被你评估的自己当成外人，如此，才能作出正确的评断。

137

有所为才能有所不为

古今有为之士，皆不轻为之士；
乡党好事之人，必非晓事之人。

译 文

古往今来的有为之人，都是不轻易去为的人；乡里喜欢管闲事、制造事端的人，绝不是懂事的人。

度阴山曰

有所为才能有所不为。当我们有了使命、目标，知道自己要为什么时，对其他那些稀松平常的小事，就会采取不为的态度。不为，就不会受其影响；不受其影响，就能专注于所要为的事情本身，于是必能成为有为之人。

老子称赞那些无为的人，认为无为而无不为。很多人想不明白，既然什么都没有为，怎么可能又什么都为了呢？其实这和有所为者不轻易为是一个道理。好比是你进入一个堆满各种财宝的房间，如果你有为，那就是有目标；如果你进入这个房间就是来拿金乌龟的，那你找到金乌龟就走。可如果你是无为，那就没有确定的、限定的目标，所以你对这个房间中的财宝都有兴趣，你会全部拿走。

至于是无为无不为好，还是有为有不为好，大家各取所需。

制造事端的人肯定是先制造了一件事，天下本无事，庸人自扰之，凡是主动制造事端的人，都是庸人。管闲事同样如此，别人之间的事本是一件事，你一来管，就成了两件事。

138

回归起心动念处

偶缘为善受累，遂无意为善，是因噎废食也；
明识有过当规，却讳言有过，是讳疾忌医也。

译 文

偶因做善事受到损害，便不再行善，这如同被食物卡住喉咙一次，便从此拒绝进食一样；明知有过失应当改正，却因忌讳而不肯承认，这如同生
病怕人知道而不肯去就医一样。

　　如果行善抱有某种功利的目的，那受到损失后肯定不会再行善。如果行善就是为了行善本身，那任何损失都不会让他停止行善。所以说，人做任何事时，如果半途而废，那一定不是能力上出了多大问题，而是早在做这件事时的念头上就有了问题。

　　当你想半途而废时，最好回头看看当初做这件事时的真实想法，在那里，潜藏着你一生的全部问题的答案。

　　知道有过失而不改，这是自尊心的缘故。自尊心有两种：一种是自尊心，另一种是廉价的自尊。大多数都是后者。如何区分这两种自尊心呢？看它（自尊心）是在推动着你进步，还是在千方百计替你遮掩错误。前者是自尊心，后者是廉价的自尊。

139

真朋友的两条标准

　　宾入幕中①，皆沥胆披肝之士；
　　客登座上②，无焦头烂额之人。

注释

　　① 宾入幕中：本指旧时入幕府参与议事的人，此处指亲近并可以信任的人。

　　② 客登座上：本指被引为上座的宾客，此处指的是极其亲近的朋友。

凡被自己视为亲近可信的人，必须是能对自己竭尽忠诚的人；能被自己当作密友的人，必定不是遇事狼狈窘迫的人。

度阴山曰

这两句话说的是一回事，交朋友尤其是交好友定要慎重。能让你和他交心的人，一定是忠诚于你的人。只有特别稳重的人，才有资格被你当成密友。世界上太多的人因交友不慎而出事，都是因为没有掌握交友的诀窍。

140

战术的勤奋掩盖不了战略上的无能

地无余利，人无余力，是种田两句要言；
心不外驰，气不外浮，是读书两句真诀。

译 文

没有多余无用的土地，没有闲置无用的人力，这是耕作时要明白的两句至理名言；心神要专注，神气不外飘，这是读书时要谨记的两句诀窍。

度阴山曰

所有的土地都有用，所有的人力都不能闲置，这是古代农

耕文明留给人类的至理名言。这光鲜名言的背后却是沉重的现实：所有的男人都在土地上不停地劳作，在最好的年纪只能勉强温饱。

没有先进的耕具，因为朝廷不鼓励发明；也没有人想使用先进的耕具，因为朝廷希望所有人都在劳作，而不是靠先进耕具提前把土地伺候完再去闲着胡思乱想。于是，春种秋收，忙忙碌碌。大家都在用战术上的勤奋掩盖战略上的无能。似乎耕种不是为了吃饱穿暖，而就是为了耕种。

读书时要全神贯注，不能三心二意。何止读书如此，耕种也应该如此，任何工作都应该如此，而绝对不是看起来忙碌，其实没有实质性的改变。

141

伦理道德横扫一切

成就人才，即是栽培子弟；
暴殄天物，自应折磨儿孙。

译文

成就有才能的人，相当于在栽培自己的子弟；不知爱惜而任意浪费，自然会在日后殃及自己的儿孙。

培养一个人才，相当于栽培了一个子弟，这话听上去有些占人家便宜的感觉，其实这正是我国古代"师徒如父子""一日为师，终身为父"的理念。而这种理念源于家庭中的伦理道德，是三纲中"父为子纲"的外延：老师就是社会性的老爹，所以，老师就是老爹。

中国人的五伦思想横扫一切，你的老师相当于你的父亲，你的好朋友相当于你的亲兄弟，各种伦理上的称谓，全都从五伦中溢出。

浪费是可耻的，少浪费一分就等于给儿孙积攒了一分；相反，多浪费一分，就是在殃及自己的儿孙。

142

平心静气，藏器待时

和气迎人，平情应物；
抗心希古①，藏器待时。

注 释

① 抗心希古：志趣高尚，仰慕古人。

译 文

用和气的态度对待别人，用平常心看待事物；以古代贤者的高尚志趣勉励自己，隐藏才华以等待可施展的时机。

度阴山曰

北宋的范仲淹说：不以物喜，不以己悲。成功人士最重要的一项品质就是情绪稳定。无论是面对多么糟糕的逆境，这些人都不会放纵自己的情绪，他们往往会迅速地消化排解，然后积极地去面对困难。

怎么理解"藏器待时"呢？有句话叫"身怀利器，杀心自起"，同样，有才之人，很容易恃才傲物。才气逼人，又没有在合适的时机显露，就会遭遇灾祸。

历史上这样的例子很多，最典型的例子就是北宋时期的词人柳永。柳永第一次考进士不中，于是写了一首《鹤冲天》，其中有两句话："忍把浮名，换了浅斟低唱。"仁宗皇帝看后非常生气，说道："此人好去'浅斟低唱'，何要'浮名'？且填词去。"于是柳永从此只能自嘲"奉旨填词柳三变"。

一个"藏"字，道尽了古人的智慧。

143

若要人前显贵，必须人后受罪

矮板凳^①，且坐着；
好光阴，莫错过。

① 矮板凳：此处不是指矮的板凳，它形容读书做学问要能坐得住，耐得住。

读书治学，要耐得住寂寞；大好光阴，不可轻易错过。

要想人前显贵，必定人后受罪。大多数人前显贵的人，人后都受了很多罪。但人后受罪的人，未必能人前显贵。

那么，如何才能做到耐得住未显贵前的寂寞呢？一个办法就是"浪费时间"。如果你专心地在人前受罪，那所有的时间都会来压迫你，让你变得无所适从，百无聊赖。倘若你能把这些时间都放在人后受罪上，那会觉得时光如梭，内心充实。甚至有时候一眨眼就老了，一闭眼就不睁了。

144

不为圣贤也不为禽兽，只为人

天地生人，都有一个良心；苟丧此良心，则其去禽兽不远矣。

圣贤教人，总是一条正路；若舍此正路，则常行荆棘之中矣。

天地生人时，给每个人都配备了良心；如果丧失了良心，则人就和禽兽差不多了。圣贤教育人，总是让人走上正路；如果舍弃了这条正路，那就会走在荆棘丛中。

度阴山曰

心学家说：人人都有良知，良知是人的尺度，是人的本质，是人和动物最本质的区别。丧失良知的人就是动物。这种丧失并不是说，良知真的从人的身体消失了，而是人在为人处世中从来不做有良心的事。

145

真当大任者，没有时间忧虑，只有时间解决忧虑

世之言乐者，但曰读书乐，田家乐；可知务本业者，其境常安。

古之言忧者，必曰天下忧，廊庙忧；可知当大任者，其心良苦。

译文

谈到快乐，都会说读书有乐趣，种田有乐趣；由此可知，专心从事本业的人，其生活常常充满安宁快乐。古人谈到忧虑，总

是说为天下百姓担忧，为国家大事担忧；由此可知，肩负重任的人，总在为人类的命运忧虑。

读书是苦的，耕地也是苦的，古人偏偏要说成是乐的，可见我国古人对快乐的表述是乐观的。或许，他们也知道读书是苦的，耕地是苦的，但除此二事，也没有其他事了。在无法摆脱的困境中，最终爱上了困境。

忧虑是我国古代知识分子的标配，他们为天下百姓忧，为国家大事忧。但忧虑完，该吃吃该喝喝，绝不耽误。而且这些沉重的家国忧虑，往往都被他们用文章的形式流传下来。

事实上，商鞅、王安石、张居正这样伟大的、肩负重任的政治家，根本没有时间写忧虑文章，因为他们都在夙兴夜寐地解决天下国家的忧虑。

146

人生就是认命和拼命

天虽好生，亦难救求死之人；
人能造福，即可邀悔祸之天。

译文

上天虽然有好生之德，但也无法拯救一心求死的人；人如果

努力做善事造福，就能得到上天的宽恕，免除灾祸。

每个人都有两种命运：第一种是上天注定的，比如你什么时候出生，出生在什么样的家庭；第二种是非注定的，上天只是看着你，并不干涉你在世上的存在状态。

所以，你来，上天注定；你走，上天也注定。没有注定的是你的贫富、你的寿限。

第一种命运无法掌握，第二种命运则掌控在自己手中，你要做的是，牢牢把握好第二种命运，等待着第一种命运的降临。完美的人生就是这样，对第一种命运要认，对第二种命运要拼。人生不过是认命和拼命而已。

147

你若作恶，难有好报

薄族者，必无好儿孙；薄师者，必无佳子弟。吾所见亦多矣。

恃力者，忽逢真敌手；恃势者，忽逢大对头。人所料不及也。

刻薄对待族人的人，一定无好儿孙；刻薄对待师长的人，一

定没有优秀子弟；这种情形我见过很多。仗力欺人的人，肯定会遇到力量更强大的对手；仗势欺人的人，也肯定会遇到势力更强大的敌人；这都是人预料不到的事。

度阴山曰

俗话说，善有善报，恶有恶报，不是不报，时候未到。这种理论到底对不对，我们可以从人类历史中找到答案，秦桧害死岳飞，得到万人唾骂的结局；东郭先生解救了狼，狼要吃他，结果狼被猎人打死。

不要轻易否定善恶有报论，因为它被数次印证于人类历史中，但也不要完全相信报应之说，只要守住自己的心，做力所能及的善事，顺其自然不是坏事。

148

二字咒语，天下无敌

为学不外"静""敬"二字，教人先去"骄""惰"二字。

译文

求学问的口诀无非是"心静"和"持静"两个要点，教导他人，要先去掉"骄傲"和"懒惰"的毛病。

你以为"静"只是安静,"敬"只是尊敬?中国的汉字博大精深,非比寻常,仅仅一个字就能被人解出包罗万象的内容。所谓"静",是沉着冷静、镇静;所谓"敬",对其解释最玄妙的是朱熹,意为"专一,无杂念"。

古人云:"人定者胜天。"就是说,人如果有主心骨,能安静,有定性,那么是连天也能够战胜的。试想,一个对人对事骄傲不敬、心浮气躁、名利为先、朝秦暮楚的人,也就是说,他不知自己要干什么,连一点"定性"都没有,他还能做成什么事,又怎么赢得别人的尊重呢?

149

知己难得,是因为你拒绝的

人得一知己,须对知己而无惭;
士既多读书,必求读书而有用。

译文

人难得遇到知己,所以要做到面对知己毫无愧疚;读书人既然读了很多书,就一定要学以致用。

度阴山曰

人总是这样:朋友很多,知己少。其实知己可以有很多,只

不过很多人都不想让别人了解自己，所以，知己就少了。

见识渊博的人，其实只有一个知己，那就是他自己；唯有浅薄者，到处都是知己。整个宇宙，恐怕没有比人更孤独的动物了，所有的艰难困苦，都必须由自己熬过，没有人可以帮助。从这点而言，人的知己只是他自己。当然，孤独是有原因的：是人自己选择的孤独。

读书当然是为了学以致用，所以我国古人读的书都是科举考试的内容，没有人看闲书，比如《山海经》在古代是禁书，《诗经》中本来有很多可爱的、值得研究的植物，结果被人搞成了政治伦理。大部分古人不会去研究蚂蚁搬家、螃蟹为何横着走，因为他们觉得这些东西没用。

于是，社会科学高度发达，到处都是伦理口号和制度，而自然科学却被很多古代的传统儒家人视为小道，遭到鄙夷。

150

动机，决定了你的人生

以直道教人，人即不从，而自反无愧，切勿曲以求荣也；

以诚心待人，人或不谅，而历久自明，不必急于求白①也。

【注释】

① 求白：希求辩白。

用正直的道理教导他人，他人即便没听，自己反省时也会问心无愧，千万不要靠曲意逢迎来博得别人好感；用诚心对待他人，他人或许当时误解，但日久见人心，不用急着去辩白。

人一定要注重自己的念头。比如有人劝他人，念头就是为了让别人听从自己，所以使用各种办法，包括曲意逢迎的虚假话来让他人中招。再比如在对待他人的心意上，有人就觉得用真诚对待他人，有人则觉得顺着他人来，让他人赞赏自己。

不同的念头导致不同的结果，而你自己也会因不同的念头而变得不同。比如，你劝解他人时，念头是只用正直的道理而不管结果如何，还是只重结果而不管是否有道理，最终会决定你是个正直的人还是个曲意逢迎的人。

对待他人时，是实话实说，对得起自己的良心，还是顺着人家，这两种念头会让你走向两种人生。

禅宗总讲起心动念，王阳明也讲"一念发动即是行"，大家都认为念头极度重要。儒家把动机论凌驾于所有理论之上，认为动机是道德之源，由此可知，作为道德世界，念头、动机即是一宏大的叙事。

古人思想之所以如此重视念头，是因为人只为修行自己的品德而活，绝不能为他人而活。我们总活在他人的评价中，希望在他人的庇护下活得更好，所以总是顺着他人，像奴才一样依附于他人，心理不一，知行不一，最终活成了自己最厌恶的模样，永远也无法活成自己。

若要活成自己，只从念头处开始即可。

有为的人不会在乎吃什么

粗粝能甘，必是有为之士；
纷华不染，方称杰出之人。

译 文

能把粗茶淡饭当作美味，是有为的人；不被外界污染，才是
杰出的人。

度阴山曰

北宋的王安石就是一个能把粗茶淡饭当成美味的人。

有一次，大家在一起吃饭，王安石把面前的鹿肉吃得干干
净净，于是人家都以为他喜欢吃鹿肉，争先恐后地送鹿肉到王
家。王安石的夫人觉得奇怪，问明缘由后说："下次你们吃饭的
时候，在他面前放小菜试试。"结果王安石又将小菜吃得干干净
净，而桌子对面的鹿肉则一点都没有动。

真正有作为的人不会将心思放在吃饭这样的小事上，对他们
来说，无论是粗茶淡饭还是山珍海味，都是一样的。

152

没有废人，只有废伯乐

性情执拗之人，不可与谋事也；
机趣流通之士，始可与言文也。

译 文

性情执拗的人，不能和他商量大事；性情风趣通达的人，可以和他讨论学问之道。

度阴山曰

不要和性情执拗的人商量大事，其实即使是小事，也不要和他商量。执拗的人固执任性，坚持己见，听不进他人的意见，你只能命令他如何去做，绝对不能和他商量。性情执拗的人往往一根筋，他虽然听不进别人的意见，却能听得进别人的命令。

所以，任何人都有用，看你怎么用。

性情风趣通达的人，你只可以和他讨论学问，绝不能和他共事，尤其不能做他的上司。因为通达的人对利益并不看重，没有利益心的人做事肯定不会那么上心，这种下属和同事，会让你操碎了心。

153

和过去心心相印，就是身心分离

不必于世事件件皆能，惟求与古人心心相印。

译 文

对人间的事没必要件件都明白精通，只要和古人心心相印就好。

度阴山曰

这种话，只有在拥有强烈崇古思想的我国古代才是正确的。他们认为崇古有积极的方面，世界上所有发生的事在古代都发生过，不需要你遇事后创造方法，只要去古代寻找即可。这就是与古人心心相印：古人怎么做，你就怎么做。

而消极的方面则是，一味地和古人心心相印，却忽略了和未来心心相印。只是被动地迎接未来，把古时当成天堂，把未来当成地狱，向往天堂而拒绝地狱，由此导致有的人向前走的同时却向后看，这肯定要摔跟头，而且是摔得鼻青脸肿的那种。

历史，我们当然要敬畏，但没必要和历史心心相印，因为你毕竟是活在现在和未来，而不是活在过去。如果对从前念念不忘，这就是身心分离。

154

人生最难面对的是自己

夙夜所为，得无抱惭于衾影①；
光阴已逝，尚期收效于桑榆②。

注 释

① 衾影：象征着私人。
② 桑榆：象征着晚年。

译 文

每到晚上回想起白天的所作所为，都应做到问心无愧；时光流逝，却依然期待能够在晚年有所成就。

度阴山曰

人生一世，面对豺狼虎豹、风波苦海其实都容易，最难面对的是自己。人大概是动物中唯一善于反刍思维的，所以人会回忆、反省。而当人独自反省时，才是最难面对的时刻。

如果能轻松地越过自我反省这道坎，那你的人生中就不再有坎坷。大多数人不是不想反省，而是一反省就无法面对自己，索性不再给自己找罪受，于是离真正的自己越来越远。当有一天要想找回真正的自己时，已太晚了。

反省最大的痛苦是反刍思维对自己心灵的刺杀，能忍住并改正，就是英雄豪杰，忍不了的就是庸夫。

世上多庸夫，少英雄，因为人人都不喜欢痛。

中国古代家族，都是耕读世家

念祖考创家基，不知栉风沐雨，受多少苦辛，才能足食足衣，以贻后世；

为子孙计长久，除却读书耕田，恐别无生活，总期克勤克俭，毋负先人。

译文

想到祖宗创造家业时，不畏风雨地奔波，历尽无数艰辛，才衣食无忧，并且留下家产给子孙后世；倘若要为子孙作长远打算，除了读书和耕田外，别无他法，希望后世子孙能够勤俭生活，不要辜负先人的辛劳。

度阴山曰

中国人创造家业，不只是为实现人生价值，更多是为后代积累财富。这是中国人特有的传统文化：家庭制度引导每个人都为家庭奋斗，血缘崇拜则引导每个人都为自己的延续者（后代）努力。所以，无论是谁，其所作所为，全是为了家庭与后代，连带着实现个人价值，创造社会效益。

我国古人的出路基本是固定的，读书人做官，不读书人种地。我国古代几乎所有的家族都是一模一样的"耕读世家"。倘若谁经商了，做点小手工，那就等于脱离了广大群众，被人唾弃。

156

人生的意义到底是什么

但作里中①不可少之人，便为于世有济；
必使身后有可传之事，方为此生不虚。

注释

① 里中：乡里。

译文

　　若能让自己成为乡里不可缺少的人，就算是对世间有所贡献；一定要让自己身后有被人流传的事迹，才算不枉此生。

度阴山曰

　　人生到底有没有意义？叔本华说："人生毫无意义，人生就是一团欲望之火，欲望无法满足时就痛苦，欲望满足后就无聊。人生就是在痛苦和无聊之间摇摆，如同钟摆。"

　　这是对自己而言。倘若对其他人而言，人生则是有意义的。比如你可以让自己成为大家都需要的人，这叫被需要，它就非常有意义；再比如当你离开人间后，有人会想起你，这叫被铭记，它更有意义。

　　其实"意义"这两个字本身就是别人赋予的，所以，人活给自己看时，人生毫无意义；活给他人看时，才有意义。

157

只须做好自己

齐家先修身，言行不可不慎；
读书在明理，识见不可不高。

【译 文】

要齐家先修身，言行不可不谨慎；读书的目的是明白一定的
人生道理，对人生的见解一定要高明，而不可庸俗。

【度阴山曰】

最完美的爱国主义教育和最完美的家庭教育是一样的，那就
是：你不必向你的百姓、儿女讲太多大道理；你只需要做好你自
己，做最强大的自己，百姓、儿女自然会以你为荣，爱你、尊重
你，同时也会更好地做他们自己。

所以，修身、齐家、治国、平天下，只需要"做好自己"这
一件事，就一通到底。我们在齐家、治国、平天下上，往往总把
对方当成教育的对象、修身的对象。其实，只要你教育好自己、
修好自己的身，对方自然就好了。

读书的目的是充实自己，让自己的人生有意义。人只有感受
到人生之意义，才会勇敢、有滋有味地生活下去。

158

施比受更有福

桃实之肉暴于外，不自吝惜，人得取而食之；食之而种其核，犹饶生气焉。此可见积善者有余庆也。

栗实之肉秘于内，深自防护，人乃破而食之；食之而弃其壳，绝无生理矣。此可知多藏者必厚亡也。

【译 文】

桃的果肉露于外，毫不吝啬地给人食用；人们吃完果肉，将果核种入土中，使其生生不息。由此可见，多做善事的人，必定恩泽后代。栗子的果肉深藏在皮内，自己严加防护，人们必须剥开果壳才能吃它；吃完后将果壳丢弃，因此无法生根发芽。由此可见，拒绝付出的人，尤其会损失惨重。

【度阴山曰】

"施受定律"告诉我们，施舍比接受更有福气，即施比受更有福。桃子就是肯施舍的代表，各类坚果则是不肯施舍的代表，最后我们发现，桃子等水果都生生不息，各类坚果则断子绝孙。

那么，这段话是不是鼓励我们去做施舍者呢？其实不是。桃子等水果与生俱来就是要施舍他人的，因为只有施舍他人，它们才能有福；而各类坚果注定是要拒绝施舍他人的，因为只有拒绝施舍他人才能保命。每个人都有自己的难处，我们绝不能强求他人做自己不愿意做的事。所以，没有人会强迫你去施舍或拒绝施舍，只要你能承受得住结果。

有些事必须"双标"

求备^①之心，可用之以修身，不可用之以接物^②；

知足之心，可用之以处境，不可用之以读书。

注 释

① 求备：谋求完善、齐备。

② 接物：接触外物，指交往、交际。

译 文

追求完美的想法，可以用来完善自身修养，却不可以用在交际中；知足常乐的想法，可用来应对周围的环境，但不可以用在读书求学上。

度阴山曰

"双标法则"告诉我们，优秀的人对自己是一套标准，对别人是另一套标准；庸人对自己是一套标准，对别人则是另一套标准。二者的区别就在于：优秀的人对自己严厉，对他人宽容；庸人相反。

追求完美之心，只能要求自己，要求别人不但不对而且毫无意义。因为进步、进化是自己的事，没有人能帮到你。知足常乐的态度适合你的生态环境，却不适合读书求学。这也是"双标"，但这是让你进步的"双标"。

160

做好人比做好事容易

有守^①虽无所展布，而其节不挠，故与有猷^②有为而并重；立言即未经起行^③，而于人有益，故与立功立德而并传。

注释

① 守：操守。

② 猷（yóu）：功绩。

③ 未经起行：没有付诸行动。

译文

有操守的人即使没有传播道义的功劳，但他们能够坚守节操不屈服，所以和有功绩、有作为同样重要；通过著书立言来宣扬道义，虽没有付诸实际行动，但是给他人带来好处，因此也可以和立功、立德的行为一样，值得被世人传颂。

度阴山曰

好人比好事容易做，因为做好人只需要有操守、宣扬道义即可，做好事却需要人辛苦创造出功绩来。所以，如果你没有能力做成好事，那就做个好人。它的效果和做成好事的效果一样，这就是人们总喜欢把德、功、言并列的原因。

161

看一个人，只需看两点

遇老成人①，便肯殷殷求教，则向善必笃也；
听切实话，觉得津津有味，则进德可期也。

注 释

① 老成人：老成，老练成熟；老成人，指德高望重之人。

译 文

　　遇到德高望重的人，恳切地请其教诲，这种人的向善之心一定真诚；听到诚恳实在的话，觉得津津有味，这种人在德行上是肯定能进步的。

度阴山曰

　　欲知一个人是否为善人，就看他对德高望重之人即老成人的态度，如果只是敬畏，还不能鉴定出来；要看他是否向老成人请教，如果请教了，而且真心倾听，那么是善人无疑了。

　　鉴别一个人是否有德，就看他听到一些实在诚恳的话时的表现。如果他对那些话特别感兴趣，说明他有向善之心；如果拒绝接受那些话，说明他并不是个有德的人。

所谓真性情，就是真实

有真性情，须有真涵养；

有大识见，乃有大文章。

译文

想有至真无妄的性情，必先有真正的修养；要写出不朽的文章，先要有不朽的见识。

度阴山曰

真性情就是真实，但这真实并不是随心所欲的真实，而是随心所欲不逾矩的真实。比如真性情的人必须看轻功利，看重内心的良知。这一切需要修炼，需要无数的修炼而成修养，如此才能成为真性情的人。

不朽的文章一定要动人心弦，动人心弦就要写尽人心、人性、人欲，最后归结到良知上，这就是不朽的见识。

立身的口诀只一个字：敬

为善之端无尽，只讲一"让"字，便人人可行；

立身之道何穷，只得一"敬"字，便事事皆整^①。

注　释

① 整：井然有序。

译　文

行善的方式有很多，只要讲求一个"让"字，就人人都能做善事；立身处世的方法也很多，只要做到一个"敬"字，所有的事情就都能处理得井然有序。

度阴山曰

立身处世，最有效的就是极简主义：弱水三千，我只取一瓢饮。立身处世的极简主义就是一个字：敬。敬，可以敬人，也可以敬事。先谈敬人，敬人是敬自己、敬他人，简单而言，敬人就是要把自己和别人当回事，不要随意丢弃自己的尊严，也不要乱伤害别人的尊严。再谈敬事，敬事是做事时要靠谱，件件有回音，事事有着落，凡事有交代。

行善其实只要做到"谦让"，就已经是顶级的善，因为让是重善之基。人能谦让，连神仙都钦佩你。

164

为他人活的人，不值得可怜

自己所行之是非，尚不能知，安望知人；

古人以往之得失，且不必论，但须论己。

译文

自己行为举止的对错，还不能确切知道，哪里还能够知道他人的对错；古人所做的事的得失，暂且不必讨论，重要的是先要明白自己的得失。

度阴山曰

为别人活和为自己活，有天壤之别。为别人活的人总是盯着别人的是非对错，如猫捉老鼠，一门心思在他人身上，而对自己的是非对错不闻不问。有的人活了几十岁，其实他自己仍然是初来世界的那个德行，没有一丁点儿进步。活成这样的人，往往都是盯着别人的举止得失，全部精力都浪费在别人身上了。你要活得好，活得有质量，就应该把精力放在自己身上。你把精力放在别人身上，别人也不可能给你带来任何人生利益，只会消耗你的人生。

浮躁是人生的大敌

治术本乎儒术①者，念念皆仁厚也；

今人不及古人者，事事皆虚浮也。

注 释

① 儒术：儒家仁义礼智的教化。

译 文

治理的技术如果源自儒家思想，那就会时刻心存仁厚；今天的人不如古时的人，只是因为今人无论是做人还是做事都不扎实。

度阴山曰

古人喜欢厚古薄今，所以认为今人永远不如古人。人生就是浮躁场，只有少数人才能有意识地宁静下来，探索人生真谛，其他人都如饺子下锅一样，你追我赶，上蹿下跳。所以当事人永远看不到宁静，只能说事事都虚浮。

相信人性本善，相信任何坏人都可以通过教化改邪归正，这是儒家唱的高调。唱得下去就唱，唱不下去就让法家来帮忙。儒家特别喜欢唱红脸，法家则是白脸。

166

能忍耐不是本事，
知道何时不忍耐才是本事

莫大之祸，起于须臾①之不忍，不可不谨。

注 释

① 须臾：极短的时间，片刻。

译 文

极大的灾祸，都起于一时的不能忍耐，所以凡事不可不谨慎啊。

度阴山曰

能忍耐不是本事，知道什么时候忍耐、什么时候不必忍耐才是本事。做任何事都要谨慎没错，然而过度谨慎，时刻想着忍一时风平浪静，这是执，是把无能当成了忍耐。所谓忍耐，是该忍时忍，不该忍时无须再忍。

有些极大灾祸，固然是不能忍耐造成的，但有些伟大事业，也是因不能忍耐而成就的。冲动当然是魔鬼，是让你超越平时的自己的魔鬼。

那么，什么时候该忍耐，什么时候不该忍耐呢?

小不忍则乱大谋，我们该忍的是一些无关痛痒的小事；忍无可忍时便无须再忍，我们不应该忍的是对方接二连三地攻击，凡是没有把你一击致命的人，都是纸老虎，此时，你就要

反击，无须忍耐。

167
社会和谐的关键是同理心

家之长幼，皆倚赖于我，我亦尝体其情否也？
士之衣食，皆取资于人，人亦曾受其益否也？

译文

　　家中老小，都要依靠我生活，我是否能体会到他们的心情与需要呢？读书人的衣食温饱，完全依靠他人的生产来维持，他人是否也享受到读书之后的好处呢？

度阴山曰

　　这两句话说的是同理心。

　　作为家中的顶梁柱，你为家庭成员提供了物质的基础，孩子依靠你的收入获得优质的教育资源，父母依靠你的照顾得以养老。但你是否会将他们对你的爱看作理所当然？你又是否能体察到他们真正的需求？

　　父母供养你读书，你学有所成后，是自高自大，以为能从此自立而将父母抛在一边，还是怀着一颗感恩之心，回报你的父母？

　　将自己代入对方的立场去思考问题，这就是同理心。

一切家庭关系的紧张，一切矛盾都源于同理心的缺失。这也是儒家"老吾老，以及人之老；幼吾幼，以及人之幼"的真意。

168

富贵之后读书、积德是质变

富不肯读书，贵不肯积德，错过可惜也；
少不肯事长，愚不肯亲贤，不祥莫大焉。

译文

富贵却不肯读书、积德，错过这样的条件是很可惜的；晚辈不侍奉长辈，愚人不亲近贤人，肯定不会发生什么好事。

度阴山曰

富贵后还去争取富贵，只是量变；富贵之后去读书、积德，则会发生质变，因为读书、积德是为富贵锦上添花的事。这就是许多富贵之人偏要搞点文化艺术的原因，因为这是几何级增长的加分项。所以，富贵之后一定要另起炉灶，搞点和文化、艺术搭边的事，这叫出奇制胜。

至于晚辈要侍奉长辈、愚人亲近贤人，都是分内之事，做了不一定有好事，但不做，肯定是坏事。

169

五伦，中国人最伟大的发明

自虞廷立五伦①为教，然后天下有大经；
自紫阳集四子成书②，然后天下有正学。

注释

① 虞廷立五伦：虞廷，即传说中的舜的朝廷，舜为有虞氏，
故称虞舜；五伦指君臣、父子、兄弟、夫妇、朋友五种
关系。

② 紫阳集四子成书：紫阳指的是南宋大儒朱熹，四子是曾
子、子思、孔子、孟子，他们所对应的著作分别是《大
学》《中庸》《论语》《孟子》。

译文

大舜制定了五种伦理关系的准则（义、亲、序、别、信）
后，天下才有了不可变更的人伦大道；自朱熹集《论语》《孟
子》《大学》《中庸》为四书后，天下才确立了有准则的中正
之学。

度阴山曰

五伦不是把社会纷繁复杂的人际关系浓缩为五种，而是只挑
选最重要的五种来进行特殊处理。只要处理好上下级关系，家庭
中的父子关系、兄弟关系、夫妻关系和社会上的朋友关系，人人
都能稳坐钓鱼台。

至于处理这五种关系的方法，就在朱熹选定的"四书"中。中国社会始终是人情社会，人情社会注重人情，而最多的人情肯定是在家庭中，所以把家庭关系稳定，就等于稳定了一大部分。倘若整个社会子不孝、父不慈，那肯定就会麻烦不断。

家是如此，国也是如此。

170

心志和富贵是绝缘的

意趣清高，利禄不能动也；
志量远大，富贵不能淫也。

译文

志趣清雅高尚的人，金钱和权位无法改变其心志；志向和抱负高远的人，富贵不会迷乱其心志。

度阴山曰

一个志趣清雅、志向高远的人，很难进入金钱和权位的圈子，也很难得到富贵。因为金钱、权位和富贵本身就是排斥清雅志趣、高远志向的。

所以，不要指望一个人在遇到金钱、富贵时很轻松地躲避，除非他离开。更不要不相信那些在富贵、金钱圈中仍有心志的人，但他们毕竟是少数。"贫贱不能移""威武不能屈"的大丈夫

很多，而"富贵不能淫"的大丈夫极少。

171

别人的权钱是蜜糖，对你而言就是毒药

最不幸者，为势家女作翁姑^①；
最难处者，为富家儿作师友。

注释

① 翁姑：丈夫的父亲和母亲。

译文

人最不幸运的就是当有权势家女儿的公婆；最难的就是给富家的孩子做老师或朋友。

度阴山曰

有人说权钱肯定是好东西，它能让人高人一等，能让人暂时忘记忧愁。有权有钱的快乐，都是权和钱在你手中时才有的。倘若权和钱在别人手中，而你恰好又要和他们打交道，它们就会成为毒害你的砒霜。

172

对事不对人，是错误的

钱能福人，亦能祸人，有钱者不可不知；
药能生人，亦能杀人，用药者不可不慎。

译 文

金钱可以给人带来福气，也可以给人带来灾祸，有钱的人对此必须有清醒的认识；药能让人活命，也能让人丧命，用药的人不能不小心谨慎。

度阴山曰

万物没有善恶，金钱和药材同样如此，有了人才有了善恶。面对同样的金钱，有人从中得到福气，有人从中得到灾祸；金钱无法让人得到福气或灾祸，只有人可以。药更是如此，同一种药，有人吃了能活，有人吃了会死。药无法直接救人和害人，只有人可以。

我们常常讲对事不对人，但是，事情都是人做的，事情没有好坏，做它的人有好坏。出现了坏事，你针对事而不针对做它的人，就是舍本逐末，就会不知所措。

173

知时求他人，行时求自己

凡事勿徒委于人，必身体力行，方能有济；
凡事不可执于己，必广思集益，乃罔①后艰。

注 释

① 罔：无，没有。

译 文

凡事不要只依赖别人，一定要身体力行，才能有所成就；凡事不能固执己见，一定要集思广益，之后才不会太艰难。

度阴山曰

任何一件事都包含了知和行两个因素，像是一条河的两岸，缺了哪个都不成。在知时，要集思广益，多向他人请教，这样才可以拿出更好的计划来；在行时，千万不要依赖别人，一定要亲手去做。知时不要只求自己，行时必须只求自己，这样事情就没有问题了。

中国古代知识分子的生态

耕读固是良谋，必工课无荒^①，乃能成其业；
仕宦虽称显贵，若官箴有玷，亦未见其荣。

注 释

① 工课无荒：耕作和读书都没有荒废。

译 文

耕作并且读书固然是很好的生活方式，但必须做到两者兼顾，才能成就事业；做官虽能称得上富贵显达，但万一疏于职守，就会荣耀尽失。

度阴山曰

耕种是生存，读书是做人，生存和做人两不误，所以耕读传家久。如果能通过耕读而做了大官，那更是无尽的荣耀。只是这荣耀远没有耕读传家保险，因为荣耀越大，责任就越大，一旦失责，荣耀立即灰飞烟灭。

古人最重视的三件事，农耕、读书、做官。之所以重视耕种，是因为我国是农耕文明；之所以重视读书做人，是因为我国的传统哲学就是"学以成人"；之所以重视做官，是因为"达则兼济天下"的情怀，同时它是知识分子唯一的出路。懂得了这段话，其实就懂得了我国古代知识分子的生态。

175

人生第一等事是什么

儒者多文为富，其文非时文①也；

君子疾名不称，其名非科名②也。

注 释

① 时文：应试作文，指的是当时科举考试的八股文。

② 科名：科举之名，通过科举考试后的名次、名声。

译 文

读书人常把文章著述众多视为财富，但这里所说的文章并不是科举应试之文；君子常担心名声不能被世人颂扬，但这里的名声并非科举考试取得的功名。

度阴山曰

古代的读书人大多以功名为要，将科举视为一生的追求，所以诞生了像"范进中举"这样的案例。然而作者认为，读书人不应该以科举功名为最高的追求。

圣人王阳明小时候有一次问老师："人生的第一等事是什么？"

老师回答："当然是读书考上状元！"

王阳明当场反驳："恐怕不是读书考状元，而是做圣贤！"

王阳明认为，年轻人最重要的是立志，志由心而发，如此才能知行合一，做出一番成就。

如果读书人都以功名为念，那为了获取更大的功名，就难免不择手段，最终误入歧途。

176

收放心就是干大事

"博学笃志，切问近思"，此八字，是收放心①的功夫；
"神闲气静，智深勇沉"，此八字，是干大事的本领。

注 释

① 放心：迷失的本心。

译 文

"广博地求取学问，坚定志向，极力向人请教，并仔细思考"，是收敛迷失的心的唯一方法；"神情闲适，心气平静，智谋深远，勇敢沉毅"，则是成就大事的基本素质。

度阴山曰

要干大事，就必须具备收放心的本事。具备了收放心的本事，就没有干不成的大事。我们的本心最容易迷失，通过回到书桌上来，拼命读书，立下个做大事的志向，就很容易把迷失、散漫的心收回腔子。

原因很简单，有事做就会慢慢让心沉下来，而且读书这件

事非聚精会神不可，否则难以完成。当你读的书越多，思考得越多，志向越坚定时，你就越能遇事不慌，能深谋远虑——成大事者，无非是具备了这种品质而已。

177

忠言逆耳利于行

何者为益友？凡事肯规我之过者是也；
何者为小人？凡事必徇己之私者是也。

译文

什么人是有益的朋友呢？是那些遇到我有过错而肯规劝我的人。什么人是小人呢？是那些遇到事情必存心为自己谋好处的人。

度阴山曰

"良药苦口利于病，忠言逆耳利于行。"人的本性都是喜欢听奉承之言的，可说奉承话的往往是有求于你的小人；逆耳之言虽"扎心"，但肯冒着得罪你而说出口的大多是为你好的人。

对小人的定义，始终着眼在"私"上，为自己谋取好处就是小人，其实，为自己谋取好处不一定是小人，只为自己谋取好处才是小人。为自己谋取好处的同时还为他人谋取好处，这就是"圣人"。

对子孙宽容，是在害自己

待人宜宽，惟待子孙不可宽；
行礼宜厚，惟行嫁娶不必厚。

译文

对待他人应该宽容，但对待自己的子孙绝不能宽容；往来赠礼要丰厚，但办婚事时则不能过于丰厚（铺张）。

度阴山曰

又是一出典型的"双标戏"，对待他人宽容，因为我们不必对他人的行为负责；对待子孙严厉，是因为我们必须对子孙的行为负责。而且我们知道，惯着、放纵他人，其实不是对他人好，而是在害他人。我们当然可以惯着、放纵其他人，因为我们不会受到伤害；可如果我们放纵自己的子孙，那受伤害的肯定是我们自己。

凡事不能尽如人意，但可以无愧于心

事但观其已然①，便可知其未然②；

人必尽其当然④，乃可听其自然④。

注 释

① 已然：已经发生的情况。

② 未然：还未发生的情况。

③ 当然：应当这样。

④ 自然：自然而然地发展。

译 文

遇事只要观察它表现出来的情况，就能预测到还没发生的情况；人一定要先尽到自己的责任，才能听任事情自然地发展。

度阴山曰

人需要具备两种技能，一种是想象力，通过观察有形的那部分，从而想象出无形的那部分。比如，有人做了一件伤害你的事，你就应该有能力联想出他还会再伤害你。

第二种是尽人事听天命。尽人事就是尽你该尽的义务，做你应该做的事，只有尽了你的义务，做了你该做的事后，你才能毫无遗憾地听任事情的走向，无论好坏。

所有的痛苦，一是来自凭空的灾难，二是没有尽心尽力后的懊悔。第一种痛苦，我们躲不开。而第二种，我们却能很容易解决它，方法是，尽你的义务，然后听任事情自然地发展。凡事不能尽如人意，但可以无愧于心。

180

永远都是正义战胜邪恶

观规模之大小，可以知事业之高卑；
察德泽之浅深，可以知门祚①之久暂。

注 释

① 门祚：家世的福运。

译 文

观察事业规模的大小，就能知道事业本身是崇高还是卑下；观察对人恩惠的多少，就能知道其家世的福运是永恒繁华还是昙花一现。

度阴山曰

以成败论英雄的观点就是，你做得越大就证明你越崇高、越正义，反过来，凡是崇高、正义的事业一定会做大。这就如同正义必将战胜邪恶的观点，正义肯定战胜邪恶，因为凡是战胜对方的人，都称自己是正义的。世界上最邪恶的人，也不会对别人承认他是邪恶的。

施舍他人是一种美德，这其实只是一种美德而已，并不能决定福运或者祸运。偶尔会有福运的人具备这一美德，但他的福运不一定是靠施舍而来的。恩惠的多少和福运的有无，没有直接关系。

181

义利之辩

义之中有利，而尚义之君子，初非计及于利也；

利之中有害，而趋利之小人，并不顾其为害也。

译文

符合道义的事中也存有利益，而崇尚道义的人开始并不考虑是否有利可图；利益中又包藏着危害，而贪图利益的小人，却不会顾及其中的危害。

度阴山曰

"义利之辩"是我国古代的一个重大议题。

传统儒家是如何看待义利之辩的呢？可以先看下面这个小故事。

鲁国有规定，凡是在别的国家看到有鲁国人在外国被卖为奴隶的，可以花钱把他赎出来，回到鲁国后，再向朝廷申请补偿金。孔子的学生子贡，在国外看到有鲁国人被卖为奴隶了，就把他赎出来。赎回之后，他没到国库去报账，别人都说他品格高尚。

孔子却对子贡说："子贡，你做错了！向国家领取补偿金，不会损伤到你的品行；但你不领取补偿金，此后鲁国就没有人再去赎回自己遇难的同胞了。"

子路救起一名溺水者，那人为表感谢送了他一头牛，子路收下了。孔子高兴地说："鲁国人从此一定会勇于救落水者了。"

这个故事告诉我们，君子不是不谈利，而是在于一个发心，无论是赎回奴隶还是救落水者，发心如果是善的，是符合义的，那就应该获得利益。

182

小心翼翼的人只能做成小事

小心谨慎者，必善其后，畅则无咎也；
高自位置者，难保其终，亢则有悔也。

译 文

谨小慎微的人，做事定会善始善终，因为通达，所以不会有过失；身处高位的人，很难保证不会犯错，一旦高傲失职就会招来败亡之祸。

度阴山曰

谨小慎微的人在绝大多数情况下会让事情善始善终，但这些事大多都是小事，因为大事必须冒险。如果是一个从底层摸爬滚打到高位的人，那他已经是只老狐狸，失职的可能性微乎其微。让他败亡的恐怕不是他的能力，而是注定出现的对手。

人活明白，就要懂得"第一性原理"

耕所以养生，读所以明道，此耕读之本原也，而后世乃假以谋富贵矣；

衣取其蔽体，食取其充饥，此衣食之实用也，而时人乃藉以逞豪奢矣。

译文

种地才能养活人，读书才能明白事理，这才是种地和读书的本质，可后世的人却凭借它们来谋求富贵；衣服制作出来是用于驱寒的，食物是用来充饥的，这才是衣服和食物的本质，但现在的人却借它们来炫富。

度阴山曰

所谓"第一性原理"，是指事物的本质。找到事物的本质，并遵循其本质法则，就能明白很多事情的前因后果。反之，如果脱离事物的本质思考，生活会变得不顺畅。

比如种地和读书，种地的本质是养活人，读书的本质是明白事理，这是种地和读书的第一性，但大家都注重第二性——种地是为了谋取富贵，读书也是。

再比如，衣服的第一性是驱寒，食物的第一性是充饥。可人们却把衣服当成炫耀，把食物当成富贵的象征，这也是看重第二性。

按古代思想家的看法，在事物本质上又多了层意思，当看不

到本质或忽略本质后，那个事物会给你带来麻烦和痛苦。比如衣服，本来就是驱寒，可你非要穿奇装异服、绫罗绸缎来炫耀自己的财富，但当看到比你有钱的人时，攀比心和自尊心又让你心里不是滋味，于是，你的痛苦就产生了。

所以，人想活明白，找到事物的本质并遵循其本质法则，才是要领。

184

权力和金钱既是补药，又是毒药

人皆欲贵也，请问一官到手，怎样施行？
人皆欲富也，且问万贯缠腰，如何布置？

译 文

人都希望显贵，但是请问，一旦官职到手后，怎样施行政务？人都希望富有，但是请问，一旦腰缠万贯，又将如何使用钱财？

度阴山曰

这两问可谓灵魂之问。人喜欢官职的动机是什么？是官职能带来利益还是官职能为世人服务？人喜欢富有的动机是什么？只是为了改善生活还是用金钱为非作歹？

每个身居高位或金钱成灾的人都能回答这个问题，但是，很

少有人的回答是心里话。人类喜欢权力和金钱，是因为权力可以凭意念就能心想事成，金钱同样如此。

有人说，权力和金钱是补药，但吃补药也有方法，不然就成了毒药。

185

孔子那一套规矩

文、行、忠、信，孔子立教之目也，今惟教以文而已；

志道、据德、依仁、游艺，孔门为学之序也，今但学其艺而已。

译文

文、行、忠、信，是孔子教育学生的主要科目，但是如今只教授文雅；志道、据德、依仁、游艺，是孔门治学的顺序，而如今人们只学习最后一项技艺罢了。

度阴山曰

孔子身高接近两米，带着几百号人（弟子）在大街上拉住别人讲道理、立规矩，试问，这样的场面，谁敢不听？谁敢不守？

但孔子似乎并不想以力服人，而是以德。所以他讲的道理和规矩都是有道理有规矩的，比如文雅、德行、忠厚、信义，孝顺父母，尊敬兄长，对他人恭敬，等等。至于要人立志为仁之道，

具备仁之德，依据仁去行动，行得累了就玩点游戏，这都是孔子立下的流传了千年而不衰的规矩。

可见，孔子所立的规矩全是道德标准，只有文雅和游艺游离在外，偏偏后来有的人就只学到了这两个规矩，抛弃了其他。

这说明，道德说教哪怕说得天花乱坠，也让人厌烦。所以，少点道德说教，多点趣味，才能让人真心地听你的规矩。

186

守法度者，有时快乐，有时痛苦

隐微之衍，即干宪典，所以君子怀刑①也；
技艺之末，无益身心，所以君子务本②也。

【注 释】

① 君子怀刑：语出《论语·里仁》："子曰：'君子怀德，小人怀土；君子怀刑，小人怀惠。'"怀刑，指因畏惧刑律而守法。

② 君子务本：语出《论语·学而》："君子务本，本立而道生。"务本，致力于根本。

【译 文】

一点隐蔽而细微的过失，就可能违反律法，因此君子常常畏惧刑律而守法；技艺是学问的末流，对身心好处不大，因此君子

只致力于根本的学问。

君子真正畏惧的不是国家律法，而是家法。能畏惧家法就必能畏惧律法，于是，一个合格的守法百姓的形象就跃然而出了。那么，所畏惧的家法中最重要的一条是什么呢？就是君子务本的"本"，这个"本"就是孝。只要孝顺父母，尤其是孝顺父亲，尽儿子该尽的义务，就最快乐。因为守法度者最快乐。当然，这是在圣君贤相的情况下，倘若君不君臣不臣，那守法度者，是最痛苦的。

因为天下大乱时，圣人们所规定的人道规矩全部消失，代替人道的是天道，天道就是自然之道，自然之道即弱肉强食之道。此时如果你还守着已经不灵的人道，那注定会被守天道的人消灭掉。

187

恒心是你的奴仆

士既知学，还恐学而无恒；
人不患贫，只要贫而有志。

译文

读书人既然知道学问重要，那就不应该在学习时失去恒心；

人不怕穷，只要穷得有志气就好。

做任何事都要有恒心，恒心就是坚持把事情做到底、做成功的主要动力。其源头则是事情在你心中的分量。如果你觉得这件事不重要，那注定就没有恒心。倘若你觉得这件事特别重要，那恒心则不请自来。恒心和你对事情的态度、喜欢程度有关，它与生俱来，是你的奴仆。你随时都可以指挥它。

人穷，志气就容易短。譬如你和女朋友逛街，忽然遇到价格亲民的大麻花，你可能会买给女朋友吃，但若遇到价格颇高的珠宝，你就没有购买的志气了。人不怕穷，怕的是甘于贫穷。

188

活法不一，内外皆可

用功于内者，必于外无所求；
饰美于外者，必其中无所有。

译文

注重培养内在修养的人，必然对身外之物没有多大奢求；注重外在华美的人，肯定没有多少内在涵养。

从这句话的表面即可看出作者的意思：培养内在修养的人是善的，注重外在华美的人是恶的。

然而培养内在道德是件非常艰难甚至痛苦的事。倘若在深山老林还好，若是在滚滚红尘，看人家起高楼，看人家宴宾客，看人家灯红酒绿，你不眼红？只要一眼红，就是向外追求了。

那么，为什么古人总是推崇向内求品德呢？第一，不向外争，可以有效稳定社会秩序；第二，向外求危险性大，一着不慎，满盘皆输。

由于追求不同，每个人都有自己的活法。岳飞有岳飞的活法，王阳明有王阳明的活法，李清照有李清照的活法。

对于现代人来说，只要不违反法律和公序良俗，追求物质生活的富裕并不是什么错事。

189

成事在天，谋事在人

盛衰之机，虽关气运^①，而有心者必责诸人谋；
性命之理^②，固极精微，而讲学者必求其实用。

注 释

① 气运：气数、命运。

② 性命之理：中国古代哲学的范畴，讲究天命、天理的学问，即形而上学的道理。

兴盛与衰亡的关键，虽与命运有关，但有心人更加看重人的谋划；关于天命的道理，固然非常精细微妙，但是信服它的人必然要把它运用到实际生活。

谋事在人，成事在天，这是把成败主动权交给了天。成事在天，谋事在人，则是把主动权从天那里夺了回来。天命的道理其实就是人事的道理，人事如果能精心谋划，那天命就会听命于人事。可如果人事搞得乱七八糟，那天命就会起作用。当然，所起的作用一定是坏作用。

190

成为自己，才是人生最大的意义

鲁如曾子①，于道独得其传，可知资性不足限人也；
贫如颜子，其乐不因以改，可知境遇不足困人也。

① 曾子（前505—前434）：春秋时鲁国人，名参，孔子的

弟子，天赋不高，但勤奋好学，最终得了孔子真传。

曾子那样天赋不高的人，仍能在学问上得到孔子真传，可见天资并不足以限制人的发展；颜回那样贫苦的人，仍不改变自己的快乐，可见恶劣的现实环境不足以影响人的快乐。

这段话，是心灵鸡汤中最精华的那一勺。我们总是给他人洗脑说：天赋不高可以通过后天努力补齐，现实环境改变不了坚定信仰的人，影响你的不是现实环境，而是你的心。每当喝到这碗鸡汤时，很多人都心头一震，浑身充满了力量。尤其听到活生生的曾子与颜回的案例时，更坚定了自己艰苦奋斗、乐观向上的决心。

但是，几千年来，只有一个曾子、一个颜回。大多数人资质平庸，人生也平庸，大多数人在恶劣环境里生活久了，个人品质也变得恶劣。社会科学最怕举例子，因为它所举的例子都不具有普适性，而是像新闻一样与众不同。

我们学习的对象如果只有少数人能做到，多数人做不到，那它一定有问题。遗憾的是，我们仍然在向好榜样学习，大家也理所当然地认为，自己应该成为谁，而似乎没有人想过，成为自己，才是人生最大的意义。

191

耍嘴的人，一定不靠谱

敦厚之人，始可托大事，故安刘氏者，必绛侯^①也；
谨慎之人，方能成大功，故兴汉室者，必武侯^②也。

注 释

① 绛侯：周勃（？—前169），西汉沛县（今属江苏）人，
《史记·高祖本纪》："周勃重厚少文，然安刘氏者必
勃也。"
② 武侯：诸葛亮（181—234），其名作《出师表》中说：
"先帝知臣谨慎，故临崩寄臣以大事也。"

译 文

敦厚诚实的人，才能托付给他大事，因此能够让刘邦后裔安
定的人，必定是周勃；小心谨慎的人，才能成就大功业，因此能
够兴复汉室的人，一定是诸葛亮。

度阴山曰

敦厚诚实的人，不耍滑头也不耍嘴皮子，只是勤恳地做事，
他们都是一根筋，认准的人和事，一辈子都不更改。周勃正是这
样的人，我们交朋友也应交这样的人。交朋友最怕交到酒肉朋
友，耍嘴皮子天下第一，却很少办实事。诸葛亮一生谨小慎微，
蜀汉帝国能有后来的三分天下之实，诸葛亮的小心谨慎是基石。

192

唯力主义要不得

以汉高祖之英明，知吕后必杀戚姬，而不能救止^①，盖其祸已成也；

以陶朱公之智计，知长男必杀仲子，而不能保全^②，殆其罪难宥乎？

注 释

① 汉高祖刘邦始立吕后之子为太子，后因宠爱小老婆戚姬，顺带喜爱其子如意，想改立如意为太子。吕后知道后请大臣张良帮忙，张良请出素被刘邦敬畏的商山四皓陪侍太子，刘邦叹息说："吕后羽翼已丰，没法更改。"后来，刘邦去世，吕后想起这段往事，深恨戚姬，将其摧残至死。戚的儿子如意也被吕后毒杀。

② 陶朱公即范蠡，他富可敌国，但在家庭教育上很失败。他的次子在楚国杀人，将被处死，他想让少子往救。其长子坚决要求前去，范蠡不得已，只好答应，乃付之千金并书信一封，嘱其至楚找庄生。庄生果设法让楚王大赦。范蠡长子不知是庄生所为，惜其千金，向庄生讨回。庄生怒，遂使楚王杀范蠡次子之后才大赦。长子持其弟之尸归，范蠡说："我早知老大救不了老二。之前我打算让老三前去救他的哥哥，因老三不吝惜钱财，老大却做不到，才因此害了自己的弟弟。"

以刘邦的英明，知道自己死后吕后必然杀害戚夫人，却也无法解救，大概是因为祸患已成；以范蠡的才智，知道长子必定会连累次子被杀，却也无法保全次子性命，大概是次子的罪行本来就无法被宽恕吧？

度阴山曰

刘邦英明神武，却不能解救最爱的女人和儿子；范蠡富可敌国，却不能解救自己的儿子。而且两人在灾难未发生时已知结果，这不得不说，冥冥之中注定的巨大力量多么恐怖。人生在世，只要努力奋斗，就能离理想更近一步。然而，我们仍然要守好心态，拒绝不好的执念。命里有时终须有，命里无时莫强求。

193

这个世界上好人比坏人多

处世以忠厚人为法，传家得勤俭意便佳。

译 文

为人处世应该以忠诚敦厚的人为榜样，传承家业最好能以勤俭节约为根本。

忠诚敦厚的人，经常会吃一些小亏，但把时间线拉长，放到整个人生维度，他们的人生往往不会跌大跟头。而那些聪明绝顶、机关算尽的人，看似常常能胜人一筹，结局却往往不好。《红楼梦》里的凤姐聪明绝顶，机关算尽，却反而误了卿卿性命；《射雕英雄传》里的郭靖憨厚仁义，看似经常吃亏被人欺负，最后却成就非凡事业。

194

理学和心学对格物的解释

紫阳补《大学·格致》之章①，恐人误入虚无，而必使之即物穷理，所以维正教也；

阳明取孟子良知之说，恐人徒事记诵，而必使之反己省心，所以救末流也。

注 释

①《大学·格致》之章：《大学》中有"致知在格物"语，朱熹注释"格物"即"穷尽事物之理，无不知晓"之意。

译 文

朱熹注释《大学·格致》时，担心人们因误解而走入虚无，所以让人们必须多去穷究事物背后的道理，以此来维护孔门的正统教义；明代心学大师王阳明吸取了孟子的良知论，担心人们仅仅背诵不求理解，所以一定要让人反省自己，以此来改变衰乱社会中的不良风气。

度阴山曰

朱熹理学所理解的格物致知是，探究万事万物之理，从而得出人生道理；"格"即"探究"之意。我国古代所有的哲学都是人生哲学，一切智慧都是伦理智慧，所以朱熹探究自然之物得出的道理也只不过是心灵鸡汤而已。譬如格竹子，它不会去格竹子属于什么科、什么属，它只会格出正直（竹子很直）、有气节（竹子有节）、谦虚（竹子中间空）等理来。

王阳明所理解的格物致知和朱熹不同，他觉得格是正，物是事，格物是在事情上正念头，做到这点就算是致良知了。譬如格竹子，他觉得竹子的气节、正直并非来自竹子，而是来自每个人的心，是人强行把这些理（品质）套在竹子身上的。所以，事物没有理，所有的理都在每个人心中，格物就是在心上格——心上正念头即可。

再譬如格竹子，你要在心上正念：竹子所具备的特质就是人的某些美好的品质，如果你把竹子格成很恶心的理，那并不证明竹子有问题，而是你的心有问题。

朱熹理学和阳明心学的根本不同正在这里：朱熹说，竹子身上有理；王阳明说，竹子身上的理都是人心所发，竹子本身没有理。

这种差别可谓失之毫厘，谬以千里。朱熹始终崇奉外在权威，认为理在孔子、皇帝、社区活了一百岁的老头儿那里，总之，各种各样的外物都有它自己的理在。王阳明却不承认这些，

他觉得只有被我们认可的理才是理，而当我们认可了别人的理时，说明我们心中也有这样的理。理不在心外，而在心内。

好善厌恶是善恶唯一的评判标准

人称我善良则喜，称我凶恶则怒，此可见凶恶非美名也，即当立志为善良；

我见人醇谨则爱，见人浮躁则恶，此可见浮躁非佳士也，何不反身为醇谨。

译文

别人夸我善良我就欣喜，说我凶恶我就愤怒，由此可见凶恶不是美好的名声，应该立志做善良的人；我见到别人淳厚谨慎就会喜欢他，见到别人心浮气躁就会厌恶他，由此可见心浮气躁不是好人该有的特质，必须做淳厚谨慎的人。

度阴山曰

如何来区分善恶呢？很简单，唐人武三思说过："我不知道世间何谓善何谓恶，我只知道对我善就是善，对我恶就是恶。"这话有没有道理？有道理！

情绪上的好恶。我喜欢的就是善的，我厌恶的就是恶的，用四个字来总结即是：好善厌恶。

这是典型的以自我感受为出发点，甚至是排斥理性的判定善恶的方法，但是，它是正确的。人类对所有的善恶的区分都由好恶做主，人类喜欢生厌恶死，所以生命就是善，死亡就是恶。

人特别提倡感同身受，如果无法确定一件事情的本质，那就把这件事移到自己身上来，看看自己的心、情绪、情感如何判定，而它们的判定就是最终答案。所以，我喜欢善良，我喜欢淳厚，那别人也肯定喜欢，所以善良、淳厚就是善；我讨厌心浮气躁，我厌恶凶恶，那心浮气躁、凶恶就是恶。当我判定这一切后，我就知道如何为善去恶了。

196

朋友不是来较真的

处事要宽平，而不可有松散之弊；
持身贵严厉，而不可有激切之形。

译文

为人处世要宽松平稳，但不可有松懈散漫的毛病；修养自身贵在严于律己，因而不可造成过于激烈的状态。

度阴山曰

严于律己的重点在慎独，一个人时还能自律，这才是真正的自律。东汉时期有个叫杨震的自律大师，黑夜有人送他金子，并

说没有人知道这件事。杨震严苛地斥责对方："天知地知你知我知，你怎么能说没人知道？"

杨震后来被称为"四知先生"——不知这件黑夜拒金的事是谁说出去的，肯定不是送金子的人，没有人傻到把自己行贿的事到处散播。当时知道这件事的还有天、地、杨震，大家可以推理一下到底是谁。

为人处世切记宽厚，而不能严苛对待他人。理由很简单，朋友相交，最没必要的就是较真儿。人一旦较真儿，朋友就少了。

197

天厚待人，所以我们不该自暴自弃

天有风雨，人以官室蔽之；地有山川，人以舟车通之。是人能补天地之阙也，而可无为乎？

人有性理，天以五常赋之；人有形质，地以六谷①养之。是天地且厚人之生也，而可自薄乎？

注释

① 六谷：唐以前的六谷包括稻（水稻、大米）、黍（黄米）、稷（或粟、梁，即小米）、麦（小麦）、菽（大豆）、菰米（茭白）。唐以后，人们发现茭白很难采摘，而且染上黑粉菌后便不再结果实，于是将其除名，成为我们耳熟能详的五谷。

天刮风下雨，人建造房屋来应对；大地有高山大河，人则利用车和船来通行。既然人力可以补救天地造物的缺憾，我们又怎能虚度一生？人有内在的天性，上天就赋予人类仁、义、礼、智、信五种道德修养来承续；人有外在的形体，大地就用稻、黍、稷、麦、菽、菰米六种谷物来滋养。天地尚且厚待人，人又怎能妄自菲薄呢？

度阴山曰

天人合一理论中的重要思想之一是天为人存，即世间万物，都是天给人准备的。比如五常，比如五谷。不过天有时候也健忘，所以没有给人准备四通八达的道路，但人类却用自己的力量修桥铺路；天也没有给人遮风挡雨的建筑，人类则自力更生创造了建筑。即使如此，天对人也算厚待了，因为它没有准备的东西是人力可以创造的，而人力无法创造的，它都准备好了。

既然天对人如此厚爱，人就不应该自暴自弃，必须对得起天的一片苦心。

198

贤士必须大富大贵，不能安于贫困

人之生也直，人苟欲生，必全其直；贫者士之常，士不安贫，乃反其常。进食需箸，而箸亦只悉随其操纵所使，于此可

悟用人之方；作书需笔，而笔不能必其字画之工，于此可悟求己之理。

人天性中有正直的成分，如果要生存，就必须保全这种成分。贫困是贤士的生活常态，如果贤士不能安于贫困，就是违背了常理。吃东西需用筷子，而筷子也只是随人的操纵而运动，由此我们可以体悟用人的方法。写字需用笔，但是笔本身并不能使字迹工巧，由此可以体悟凡事要求自己的道理。

人保持正直是正确的，可如果说正直是生存的保证，就有问题了。正直必须有力量保驾护航，才所向无敌；倘若没有力量，正直遇到邪恶，邪恶百战百胜。

何谓贤士？有知识，有思想，有境界，有抱负，不为君王唱赞歌，只为生民请命的人。

正常的社会应该让贤士丰衣足食，而让恶毒小人衣不蔽体才是。如果反过来，那才是违背了常理。

凡事只需心中求的正解在此：我们固然需要筷子来吃东西，需用笔来写字；但是，能吃到东西的不是筷子而是我们自己，是我们指挥的筷子，能写下好字的不是笔，是我们指挥的笔。我们不用筷子而用其他物品也能吃到东西，我们不用笔而用其他东西也能写出文字。

但是，如果我们瘫痪了，那我们就用不了筷子和笔。所以能吃到东西和写出文字，关键在自己，不在工具。工具是可以替代的，只要是能替代的事物，就不是我们心中的事物。所以我们心中求的事物，必须是不可替代的，比如我们的智慧，我们的情绪，我们对待事物的态度。

凡事只要心中求，并非让你不要去外界寻找工具，而是要意识到，工具只是个工具，你使用它，它才有意义，你不用它，它毫无意义。心外之物的意义，不在它自身，而在你心上，你是否用心去使用它，决定了它是否有意义。

199

富贵传家，不过三代

家之富厚者，积田产以遗子孙，子孙未必能保；不如广积阴功，使天眷其德，或可少延。

家之贫穷者，谋奔走以给衣食，衣食未必能充；何若自谋本业，知民生在勤，定当有济。

译文

物质财富雄厚的家庭，给子孙积累下田地、产业，子孙却未必能保得住；倒不如大范围积累阴德，使上天看到这份阴德，也许还能延续其富贵的家业。贫穷的家庭，即便四处奔走以谋求衣食，衣食也未必够用；倒不如踏实地做好本职工作，其实百姓生活的要义在于勤奋，只要坚持到底就一定能改善恶劣的处境。

富贵传家，不过三代。在古代，把财富留给子孙，而家业能兴旺超过三代的，屈指可数。这背后的逻辑是什么呢？首先，富贵容易让人骄奢淫逸，在安逸的环境中丧失奋斗的动力，会腐蚀人的心性。另外，做生意的，谁能保证永远只赚不亏呢？后人的能力一旦滑坡，就很可能亏得血本无归。

在汉代有世宦两千石，在魏晋有上品无寒门（此处的寒门指小地主）的士族。这些家族掌握上层权力，人脉跨州连郡，后代子孙在祖先的荫蔽下往往能比普通人的起点更高。但仍需要子孙自身的努力才能守住家业。

200

人的可怕，在于会讲故事

言不可尽信，必揆诸理；
事未可遽行，必问诸心。

别人的话不能全信，定要用常理来揣度衡量；遇事不要贸然去做，先问问自己的良心。

只有鹦鹉才会全盘照搬别人的话。作为人，必须分辨别人话的真假。人和动物有个重大区别是人有语言，人能用语言讲故事，故事分虚构的和非虚构的。非虚构的是事实，虚构的就是谎言。大多数人说话都是虚构、非虚构交错的。如果全无分辨地照单全收，那最后肯定被骗。

做任何事前，都要摸着良心问自己，做这件事能不能对得起自己的良心——如果能，就去做；如果不能，就不要做。

人性的善恶，暂不确定，但人会讲故事，似乎已成定论。人在讲故事时，没有良知，只有利益。它从万物中脱颖而出，掌控万物，成为万物之灵，并让万物互相杀戮，靠的就是讲虚构的故事，也就是撒谎。

201

家法和国法，如同俄罗斯套娃

兄弟相师友，天伦①之乐莫大焉；
闺门若朝廷，家法之严可知也。

注释

① 天伦：原指自然的道理；代指父子、兄弟等天然的亲属关系。

译文

兄弟之间互为师友，这是最大的家庭乐趣；家中如朝廷一般

严谨，即可知家法的严格。

所谓"打虎亲兄弟，上阵父子兵"，中国人特别重视有血缘关系的同父同母的兄弟感情，并且将其和父子感情称为天伦。血缘崇拜认定，血缘关系越近越亲密，也必须亲密，所以除了父子外就是兄弟。能把这一关系处理得融洽，就是家庭中的最大乐趣。

202

用脑子学习，才能让你摆脱无知

友以成德也，人而无友，则孤陋寡闻，德不能成矣；
学以愈愚也，人而不学，则昏昧无知，愚不能愈矣。

译文

朋友可以让自己的德业进步，人如果没有朋友，就会孤陋寡闻，德业难以成就；学习能医治愚昧无知，人如果不学习，就会愚昧无知，以致无药可救。

度阴山曰

没有任何朋友可以让你的德业进步，你的德业进步，全在你的自动自发。只有你自动自发后，朋友才有让你的德业进步的可能。倘若关起心门，无论德业多么厚重的朋友，也不能让你的德业进步。

　　人通过学习改变自己的愚昧无知，这要看学习什么。比如很多人都受过很好的教育，却愚蠢透顶。他所学的知识和别人相同，但为何会有如此差距？这就要从他本人的脑子上找答案了。

　　人脑看似相同，其实大大不同。有的人脑子是随身携带的，有的人脑子是放在储物柜的。有人时刻在用脑，而有人永远把脑子放家中。把脑子放在家中的人，就是网络上那些键盘侠。

　　学习不一定能让你摆脱愚昧无知，用脑子学习才能。

203

人所有的错误，都是明知故犯

明犯国法，罪累岂能幸逃？
白得人财，赔偿还要加倍。

译 文

　　明明知道却还故意触犯国法，罪过怎能轻易逃脱？平白无故得到他人钱财，恐怕将来要加倍偿还。

度阴山曰

　　知法犯法是常态。大多数人的犯罪，都是知行不一，明知故犯。你的人生不圆满，其实不也是因为明知故犯？明知不努力就无法成功，偏躺平；明知投机取巧会得不偿失，偏要投机

取巧。

每个人所犯的错误，哪一个是不知而犯的？几乎没有！

没有正当来由的东西，不要碰。它就像借高利贷，你今天拿到手，将来要十倍、百倍奉还。这不是迷信，而是必然会发生的事实。

204

衡量人都以结果为导向，但过程更重要

浪子回头，仍不惭为君子；
贵人失足，便贻笑于庸人。

译文

浪荡子弟如能改正错误，仍可以做个俯仰无愧的君子；高贵的人一旦丧失节操，就连庸碌愚昧的人都会嘲笑他。

度阴山曰

做高贵的人成本过高，他必须永远维持其节操而不失去，一旦失去，就会万劫不复。而做浪荡子弟的成本就极低，当他浪荡时，人人奈何他不得；当他改邪归正时，大家立即赞赏他。

这是一种鲜明的对比，它告诉我们的深刻道理是：先善后恶，大家记住了你的恶；先恶后善，大家则记住了你的善。

但是，如果没有一个过程作为支撑，也就不能出现善恶的结果。这就好比是，你在春天看到一粒玉米进入土地，在秋天看到地里长出许多玉米，可没有夏天的过程，哪里有玉米的生成？

我们固然要以结果为导向说事，但更要注重造成这种结果的过程，结果重要，过程也重要。

205

人的本质到底是什么

饮食男女，人之大欲存焉①，然人欲既胜，天理或亡。故有道之士，必使饮食有节，男女有别。

注 释

① 语出《礼记·礼运》："饮食男女，人之大欲存焉；死亡贫苦，人之大恶存焉。故欲恶者，心之大端也。人藏其心，不可测度也。美恶皆在其心，不见其色也，欲一以穷之，舍礼何以哉？"大意是，饮食和男女情爱是人的最大欲望；死亡贫苦是人的最大厌恶。所以欲望和厌恶，是人心里的最大原由。人情深藏心底，难以测度。美好和丑恶皆在心中，不表现在脸色上。要全部弄清楚它们，舍弃了礼还靠什么呢？

译 文

对饮食与情爱的渴求，是人类主要而且正当的欲望，然而

人类若让这些欲望凌驾于一切之上，天道恐怕就会衰亡。所以有道德修养的人，一定会在饮食上有节制，在男女情爱上有所分别。

度阴山曰

　　人的本质是什么？孔子和孟子说是仁义，老子和庄子说是赤子，《礼记》则说是饮食男女。哪个是对的？这要看你想成为什么样的人。若要成为别人口中的仁义之人，你必须节制饮食男女这些欲望。若要成为放纵人生的人，那你就把饮食男女当成人生目标。

　　人只有一生，活成什么样，放在时间长河中，没有对错。只是我们要特别注意，活成什么样没有错，关键在于，你是想成为活在别人口中的那种人，还是只活给自己看的那种人。为了让别人夸奖你是道德圣人，而努力做出遵守道德的行为，内心却痛苦纠结不已，这种道德圣人不做也罢。

　　我们在饮食上节制，在男女情爱上有礼，必须是让自己内心舒适的，而不是强力矫正自己去做。若要达到这种境界，你需要找到你作为人的本质。

206

坟地是安乐窝，安乐窝是坟地

　　东坡[①]《志林》有云："人生耐贫贱易，耐富贵难；安勤苦易，安闲散难；忍疼易，忍痒难；能耐富贵、安闲散、忍痒者，必有道之士也。"余谓如此精爽之论，足以发人深省，正可于朋友聚会时，述之以助清谈。

注 释

① 东坡（1037—1101）：苏轼，眉山（今属四川）人，号东坡居士。著有《苏东坡集》《仇池笔记》《东坡志林》等，是北宋时期著名的文学家、思想家。

译 文

苏东坡在他的著作《志林》中谈道："人生耐得住贫贱是件容易的事，耐得住富贵却不容易；在勤苦中生活容易，在闲散里度日却难；忍住疼痛容易，忍住发痒却难。如果能把这些难耐、难安、难忍的富贵、闲散、发痒都耐得、安得、忍得，此人修养非同小可。"我认为像如此精要爽直的话，足以让我们深深体会，正适合在朋友相聚时成为最好的话题。

度阴山曰

今日之苏东坡，已不是个人名，更不是一道菜（东坡肉），而是一种潮流，是一种心态，是一种人生境界。和所有的英雄豪杰一样，苏东坡一生坎坷不平，在艰难困苦中寻找乐趣，在各种鬼蜮前竭尽全力活成个人的模样。他有各种人生经验，不好的人生经验占了大部分。然而他都忍受过来了，所以才觉得痛苦不可怕，可怕的是百无聊赖。

用今天的话说，奋斗后得不到结果不可怕，可怕的是完全躺平；风霜雪雨不可怕，可怕的是糖衣炮弹。

人在安乐窝中待得久，安乐窝就是坟墓；人在坟地奋斗得久，坟地就是安乐窝。

207

读比不读好

余最爱《草庐日录》①有句云："淡如秋水贫中味，和若春风静后功。"读之觉矜平躁释②，意味深长。

注释

① 《草庐日录》：明代理学大师吴与弼的著作。吴与弼曾和王阳明交谈过做圣人的话题，吴与弼认为圣人的境界可以通过后天学习而达到。

② 矜平躁释：骄傲之心平息，浮躁之气消解。

译文

我最喜欢《草庐日录》中的一句话："淡如秋水贫中味，和若春风静后功。"读后觉得孤傲之心和浮躁之气都渐渐消逝，句中韵味可谓深远悠长。

度阴山曰

人如果能把自己活成这样，那已不是人，而是神：清贫中的滋味像秋日流水般淡泊明净，安静下来的心像春日微风般和煦舒

畅。作者说，他最喜欢这句诗，却不知，他是否喜欢一贫如洗、心如死灰的生活。

每个人都在努力追求着心平气和，也在追求着随遇而安，可能做到的没有几个人。否则，就不会有那么多文学作品歌颂这样的心情和生活了。

做人之所以难，不就是因为心永远躁动，日子始终没有起色嘛！在内心和环境都不如意时，读比不读一定要好。

208

兵应者胜

敌加于己，不得已而应之，谓之应兵，兵应者胜；利人土地，谓之贪兵，兵贪者败，此魏相①论兵语也。然岂独用兵为然哉？凡人事之成败，皆当作如是观。

注 释

① 魏相（？—前59），西汉济阴定陶（今属山东）人，字弱翁。汉元康时，匈奴攻击中原，汉宣帝和大将赵充国商议要反攻匈奴，魏相坚决反对，唾沫横飞地说，咱们根本不用动手，匈奴必败，因为他们是侵略者。他的奏章上有如下语："臣闻之，救乱诛暴，谓之义兵，兵义者王；敌加于己，不得已而起者，谓之应兵，兵应者胜；争恨小故，不忍愤怒者，谓之忿兵，兵忿者败；利人土地货宝

者，谓之贪兵，兵贪者破；恃国家之大，矜民人之众，欲
见威于敌者，谓之骄兵，兵骄者灭。此五者，非但人事，
乃天道也。"

译文

敌人来侵犯，不得已而出兵迎战的，叫作"应兵"，应兵
的一方总会获胜；贪图他人的土地而出兵占领的，称为"贪
兵"，贪兵注定会失败，这是魏相论述兵法所讲过的话。然
而，只有用兵打仗才这样吗？但凡人事的成败，都应当用这种
观点来看待。

度阴山曰

兵应者胜，兵贪者败的原理是什么？在古代，如果两个国家
之间的装备、军事部署实力相当的情况下，而决定一场胜负的重
要原因之一是士气。士气高昂，就能以一敌十；士气低落，就一
溃千里。

本土作战，身后是家人、是乡土，就和项羽"破釜沉舟"一
样，士气是有加成的；而在敌国打仗，将士思归，一旦打败仗或
迁延日久，士气就会雪崩。

当然，战场瞬息万变，不可一概而论。如秦灭六国，全是异
地而战，却是摧枯拉朽。

209

平淡无奇的事不是什么好事

凡人世险奇之事，决不可为，或为之而幸获其利，特偶然耳，不可视为常然也。可以为常者，必其平淡无奇，如耕田读书之类是也。

译文

凡是世上惊险、离奇的事绝不能做，即使做了并且侥幸获利，那也只是偶然，不能将其当作常态。可以看作常态的，一定是平淡无奇的，比如耕田、读书之类的事。

度阴山曰

古人对充满冒险精神的事总是持批判态度，认为这不符合中庸的"和"的思想。他们更希百姓参与平淡无奇的事，比如种地和读书，这两样都是耗费大量精力和时间的事。当你把时间和精力用在这两件事上时，你就没有精力去想别的事了，社会也就稳定了。

210

先于事前忧虑，要比事后忧虑强

忧先于事故能无忧，事至而忧无救于事，此唐使李绛①语

也。其警人之意深矣，可书以揭诸座右。

注 释

① 李绛（764—830），字深之，赵州赞皇（今属河北）人。唐朝中期政治家、宰相。

译 文

倘若事前忧虑，事到临头就不会有忧虑了；如果事到临头才去忧虑，则于事无补。这是唐人李绛说的话。这句话警策意味深长，可以将它题在座位旁，时刻提醒自己。

度阴山曰

机会永远都留给有准备的人，所谓有准备的人，就是事前忧虑的人。人生如算命，提前算到有所准备，即能应对不测风云；没有算到，或是根本没有这种未雨绸缪的意识，那一遇旦夕祸福就逃不了。

民间常说，晴天带雨伞，酷暑备寒衣。这都是告诉我们，人向前看，却要在原地准备。好像是拿了望远镜般，看到远方有什么，立即原地准备。

然而，人生的偶然性太多，所有的准备也许都不能应付老天对你开的一个玩笑。如果每天都活在提心吊胆的准备当中，不如享受当下。也许，在某些人看来，人重要的不是四平八稳，而是活得开心。

211

你是圣人还是恶人，
和原生家庭无绝对关系

尧、舜大圣，而生朱、均①。瞽、鲧②至愚，而生舜、禹。揆以余庆余殃③之理，似觉难凭。

然尧、舜之圣，初未尝因朱、均而灭。瞽、鲧之愚，亦不能因舜、禹而掩，所以人贵自立也。

注释

① 朱、均：尧的儿子丹朱，舜的儿子商均，这两个人都是品德败坏的人。

② 瞽（gǔ）、鲧（gǔn）：舜的父亲瞽叟和舜的后妈总想害死舜；大禹的父亲鲧治水无功，想造反。

③ 出自《易传·文言传·坤文言》："积善之家，必有余庆，积不善之家，必有余殃。"指修善积德的个人和家庭，必有更多的吉庆，作恶缺德的人必有更多的祸殃。

译文

尧和舜都是古时的圣人，却生了丹朱和商均那样不肖的儿子。瞽和鲧都是愚昧的人，却生了舜和禹那样的圣人。若从"余庆余殃"的角度来看，似乎说不通。然而尧、舜的圣明，并不因后代的不贤而有所毁损。瞽、鲧那般的愚昧，也无法被舜、禹的贤能掩盖，所以人最重要的是自立自强。

什么叫"啪啪"打脸？这段话就是，打的是"积善之家，必有余庆，积不善之家，必有余殃"的脸，甚至是"善有善报，恶有恶报"的脸，更打了"原生家庭非常重要"的脸。我们总认为，原生家庭非常重要，可你看尧、舜作为父亲的原生家庭该有多好，却出了丹朱、商均那样的恶棍；而瞽、鲧作为父亲的原生家庭该有多恶劣，却出了舜、禹那样的圣人。由此可见，原生家庭给人带来的影响，也不是一概而论的。

人是能改命的动物，因为他懂得自立自强，而人能成为什么样的人，可能关键就在是否懂得自立自强。

你能通过自立自强成为圣人，也能自甘堕落成为恶人。你成为什么样的人，确实和你的家庭，甚至客观环境有关，但归根结底还是看你自己。所以请那些犯错的人，不要把自身的问题归结于家庭出身和客观环境了。

212

人生修行二字诀：静、敬

程子教人以静，朱子教人以敬。静者心不妄动之谓也，敬者心常惺惺之谓也。又况静能延寿，敬则日强，为学之功在是，养生之道亦在是，静敬之益人大矣哉，学者可不务乎？

程子教人要静，朱子教人要敬。静指的是心境安宁，敬则指的是心中清醒恭敬。静能使人延年益寿，敬则让人日日精进，做学问的关键功夫就在此，养生的大道也在此，静敬的道理对人的好处如此大，学者怎能不致力于此？

度阴山曰

"静"和"敬"这两个字在我国新儒学（以程颐、朱熹为代表的理学）那里重如泰山，静的本义是一幅画，虽然看上去五颜六色，让人眼花缭乱，但却鲜明而不垢浊。在理学家看来，静首先是种生理状态，也就是要让自己的身体彻底放松安静下来；其次是心理状态，让自己的心安静下来；最后则是清洗人欲，不争不求，全神贯注于天理以达到静的境界。

而敬，则是针对静的方法论，是更为细化的实践方式，敬是敬重，敬重就是诚意（真诚无欺地对待自己的念头），就是专心致志存天理，去人欲，不能有一丝马虎。

213

靠自己，最稳妥

卜筮以龟筮^①为重，故必龟从筮从乃可言吉。若二者有一不从，或二者俱不从，则宜其有凶无吉矣。乃《洪范》^②稽疑之篇，则于龟从筮逆者，仍曰作内吉。于龟筮共违于人者，仍

曰用静吉。是知吉凶在人，圣人之垂戒深矣。人诚能作内而不作外，用静而不用作，循分守常，斯亦安往而不吉哉！

注释

① 龟筮：古时用龟甲称卜，用火灼龟甲取兆，以预测吉凶，后来用其他方法预测未来，也叫作卜；用蓍草占休咎称筮，合称卜筮。

②《洪范》：传说周武王灭商后，箕子曾向其陈述天地之大法，后被传录下来，取名《洪范》，后来成为《尚书》中的一篇。

译文

占卜时以龟壳占卜和蓍草占卜的结果为主，因此必须龟卜和筮卜都顺从才能说是吉祥之兆。如果二者有一个不顺从，或都不顺从，就应该说是有凶而无吉了。而《洪范》中稽疑这篇，则把龟卜顺从而筮卜相违背的情况，仍然称为"作内吉"；把龟卜和筮卜都与人意相违背的，仍称作"用静吉"。可想而知，是吉是凶取决于人，这是圣人的教诲与告诫。如果人真的能够做到吉凶之事不求取外物，守静而不妄为，遵守本分，安守常道，就会无往而不利，还需要什么占卜！

度阴山曰

这一段很长，但主要讲了一个问题：靠天靠地靠占卜，不如靠自己。古代中国，占卜风行。人人都善占卜，人人都喜欢占卜。后来占卜渐渐不灵，大家也就不信了。据说，晋献公（晋文公的父亲）要做件事，龟卜是吉，筮卜是凶，他说，按照龟卜。

后来他又要做一件事，龟卜是凶，筮卜是吉，他说，按照筮卜。

这种行为真能把老天爷气吐血，显然，他在玩弄老天爷。和晋献公一样，当时大多数理性的人都认为占卜不会指给人类正确的道路，只有人自己才可以。

所谓占卜，是向天问问题，有时候天会说真话，有时候天就耍无赖不说真话，于是占卜无法得到全面正确的答案。人如果知道答案，那就不必问天，问自己就行。

况且，人相信他人，主动权在他人那里；只有相信自己，主动权才在自己手中。如此一想，还是靠自己最稳妥。

214

否极泰来

每见勤苦之人绝无瘵疾，显达之士多出寒门，此亦盈虚消长之机，自然之理也。

译 文

经常见辛劳之人绝不会得瘵病，功名显达的人大多出身寒门，这也可以看作物极必反、此消彼长的自然道理。

度阴山曰

月盈则缺，缺尽而满。古人讲究天人合一，人和天道一样，勤苦之人绝无瘵疾，是因为外在的肢体不断消耗，而内在的生机

源源不断，正如月由亏变盈的过程；显达之士出于寒门，是因为寒门无所有，否极泰来之故。

以上就是中国人朴素的"忌圆满"的思想，亢龙有悔、否极泰来都是这一思想的表现。

215

人生中最伟大的辩证法：
利己即是害己，下人终成上人

欲利己，便是害己；
肯下人，终能上人。

译 文

想要只顾自己利益，到最后肯定丧失利益。肯屈居人下而无怨的人，终有一天会居于他人之上。

度阴山曰

利己和为己是两回事，为己是为自己品格的提升着想，利己则是只为自己利益着想；为己是孔子的修己，利己则是杨朱的"拔一毛而利天下，不为也"。所以当一个人只想着自己那点利益时就注定会和他人产生冲突，从而导致别人的围攻，使本有的利益丧失。

利己主义者的可怕并不在于他只为自己着想，而是在于他不为他人着想。当自己的一只鸡和别人的一条命放在他眼前，让他挑选哪个可以活时，他会毫不客气地挑选鸡。

屈于人下的人太多，只有那些屈于人下时肯学习，而且丝毫不认为这是苦大仇深，反而认为是自然而然的事的人，才有大概率成功。

216

舜的孝，周公的德

古之克孝者多矣，独称虞舜为大孝^①，盖能为其难也；古之有才者众矣，独称周公为美才^②，盖能本于德也。

注 释

① 虞舜为大孝：舜的父亲多次想要害死他，但舜依然孝顺父亲。

② 周公为美才：周公既有能力又有美德，可以东征，维护国家稳定，又把王位还给侄子，这种德才兼备的人，世上少有。

译 文

古代能够尽孝道的人非常多，而唯独称大舜是大孝之人，是因为他在尽孝时能做到常人无法做到的事；古代有才能的人非常多，而唯独称周公姬旦是美才，是因为他能依品德行事。

舜的孝顺鲜有人能及，《史记》里记载了关于舜孝顺的两件事。

有一次，舜的父亲让舜去修缮家里的谷仓，骗舜上到屋顶上去，然后他和舜的弟弟象在下面放火烧屋，想要把舜烧死。但舜用两顶斗笠护住身体跳下，逃走了。

第二次，象出主意，让舜去挖井，待井挖得差不多的时候，父子两人想把舜活埋，但舜提前做好了准备，在井内挖出暗道逃了出去。而象和他父亲以为舜死了，准备去瓜分舜的家产和妻子。舜归来后，却依然如过去一样善待他的弟弟和父亲。

周公一生的功绩被《尚书大传》概括为："一年救乱，二年克殷，三年践奄，四年建侯卫，五年营成周，六年制礼乐，七年致政成王。"周公之德就在于已经权势滔天，到达了人臣的顶点，完全可以取成王而代之，却依然能克己复礼，归政成王。这在历史上，是罕有人臣能做到的。

217

该退缩时退缩，该放手时放手

不能缩头者，且休缩头；
可以放手者，便须放手。

译文

有些事不能退缩，就绝对不能退缩；有些事可以放手，就必须放手。

度阴山曰

哪些事不能退缩？取决于你的人生观。如果你的人生观是对世界充满了挥之不去的责任感，那你在对这个世界尽你的义务时就不能退缩，如果退缩了，就是乌龟。

哪些事该放手呢？它们有个共同特征：让你心力交瘁。人的一生是非常短暂的，我们应该尽可能地追求快乐和幸福，如果一件事让你无比痛苦，那就要好好考虑是不是要放手。

218

追求仁，既简单又不简单

居易俟命①，见危授命，言命者，总不外顺受其正②；
木讷近仁③，巧令鲜仁④，求仁者，即可知从入之方。

注 释

① 语出《礼记·中庸》："故君子居易以俟命。"指处于平易不危的境况时应当等待效命的时机。

② 语出《孟子·尽心上》："莫非命也，顺受其正。是故知命者不立乎岩墙之下。尽其道而死者，正命也；桎梏死

者，非正命也。"意思是，顺天理正道而行，接受的便是正命。

③ 语出《论语·子路》："刚、毅、木、讷，近仁。"意思是，质朴不善言辞就接近"仁"了。

④ 语出《论语·学而》："巧言令色，鲜矣仁。"意思是，以动听之言和献媚之态取悦人就算不上"仁"了。

译文

君子处于顺境、没有危险的情况下等待效命时机，一旦国家有难便舍弃生命去拯救，讲命运的人，总不外乎顺应天理正道而行；为人质朴不善言辞就近于有仁德，而花言巧语讨人喜欢的人却往往没有仁心，寻求仁德的人，由此可知如何进入仁道了。

度阴山曰

孔子对求得仁的方法抱以魔幻的乐观态度："我欲仁，斯仁至矣。"这就好像是巫术，只要我一念咒语，仁就上了我的身。当然这是幻想，至少是幻觉。若要得到仁，非经历一番艰苦奋斗不可，儒家给出的思路是修己安人。

修己是正己，让自己具备仁、义、礼、智、信五种品质；安人就特别吃力，必须有奉献精神，知道天命，少言寡语，只做不说。或者说是，做了好事不留名，只求问心无愧。

这种难度和高度，世界上很少有人可以做到。儒家的观点是，只要你想做，就一定可以做到。其实对仁的追寻方法和路径，我国古人要么把它看得特别容易，要么把它看得特别难。孔子总是让人遵循中庸，可在追求仁这件事上很少有人能中庸。于

是，仁的人很少，不仁的人非常多。

219

见小利的人，都看不到大局

见小利，不能立大功；
存私心，不能谋公事。

译文

眼中只见到小恩小惠的人，不能立大功劳；私心重的人，不能和他谋划公共事务。

度阴山曰

古人说："海不择细流，故能成其大。"还说："不积跬步，无以至千里。"可轮到利益时，这两句格言怎么就不灵了？

什么是小利？小利不是利，而是迷惑你眼睛的小恩小惠，好像是酒店的免费牙刷、洗发露。眼中如果只有这点小利的人，不可能立下大功。因为他全部精力都投入在小利上，出现大利时，他会不知所措。

不要和私心重的人谋划公共事务，这是正确的。但并非因为他私心重——世界上有几个人没有私心？而是因为他的私心可能会把你拉下水。

220

有些事情，意识对了，也就对了

正己为率人之本，守成念创业之艰。

译文

先端正自己的行为才能做他人的榜样，在事业守成阶段要不忘当初创业的艰辛。

度阴山曰

领导他人时先领导自己，所谓领导自己就是用良知管理自己，做最好的自己，用最好的自己去当别人学习的目标。"正人先正己"就是这个道理。因为你不正，别人学你时也不可能正。

俗话说："打天下容易，守天下难。"这是从意识上说的，打天下时，一着不慎，满盘皆输，所以要做到神经紧绷，小心翼翼。而守卫稳定的天下时会神经麻痹，不能觉察细微的危险，最终会千里之堤，溃于蚁穴。在守成时常存打天下的心态，虽然神经兮兮，却能规避一些危险。

工作是谋生

在世无过百年，总要作好人、存好心，留个后代榜样；
谋生各有恒业，那得管闲事、说闲话，荒我正经工夫。

译文

人生在世不过百年，还是要做个好人、存点好心，为后人留个学习的榜样；谋生计是个人一生的事业，哪有时间去管一些无聊的事、说一些无聊的话，荒废了正当工作。

度阴山曰

工作又叫"谋生"，大白话就是想办法让自己活下去。对于古人来说，失业是一件非常可怕的事情，那意味着整个家庭都有可能面临无米下锅的窘迫局面。所以古人对工作的态度是非常认真的，往往将工作视作一生的事业来做。工作时不说闲话，不管闲事，这是最基本的要求，所以才会诞生如此多手艺精湛的匠人。

所有专业的事，都是需要时间积累的，花一分时间，和花十分时间，最后的成就必然天差地别。古人很少转换行业，因为这就意味着之前的经验积累全部白费。这显然和现代人的认知有差别。对于当代年轻人来说，跳槽和转行已经成了司空见惯的事，很少有人能从一而终，将时间沉淀在一个行业、一家公司。当然，这本身无可厚非，是现代的人才培养体系和行业特性决定的，行业之间存在大量通用技能，比如做互联网电商的，也可以

转行去当秘书，两者的技能需求有差别，但没到隔行如隔山的程度。但如果我们仔细去分析那些行业领袖的职业生涯，还是可以发现，他们往往很少转行，或者说往往聚焦于某一个细分的赛道。这似乎又和古人的这种"谋生"观念不谋而合。